ABAQUES POUR LES INGÉNIEURS ET TECHNICIENS DES INDUSTRIES THERMIQUES

CHAUFFAGE CENTRAL

40 ABAQUES

AVEC COMMENTAIRES EXPLICATIFS EN TROIS LANGUES,
FRANÇAIS - ALLEMAND - ANGLAIS

INTRODUCTION

DE F. DERIGS, INGÉNIEUR

POUR LA FRANCE ET SES COLONIES

COMITE D'EDITIONS TECHNIQUES

20, RUE TURGOT, PARIS (9e)

1936

VERLAG VON R. OLDENBOURG, MÜNCHEN UND BERLIN

Abaques pour la Technique du Chauffage Central

19 pages de texte, 40 abaques avec commentaires explicatifs en 3 langues
(Français, Allemand, Anglais). 19,5 × 21 cm

La présente réunion d'abaques concernant la technique du chauffage central apportera une aide considérable aux ingénieurs spécialistes pour leurs calculs et l'établissement de leurs projets. Les abaques permettent d'effectuer un grand nombre de calculs très rapidement et avec une exactitude suffisante. La lecture des valeurs cherchées sur les abaques constitue toujours la méthode de calcul la plus expéditive. En outre les abaques possèdent l'avantage de mettre clairement en évidence toutes les valeurs utilisées pour le calcul. Il n'y a donc pas lieu d'être surpris si dans les divers domaines de la technique, on utilise déjà un grand nombre de diagrammes (tels que par exemple le diagramme I-S) permettant aux Ingénieurs d'effectuer leurs calculs un peu comme le général suit le combat sur la carte.

Un recueil d'abaques ne peut constituer un livre d'études et son emploi suppose qu'on est déjà familiarisé avec les diverses grandeurs et leur utilisation dans les calculs. Pour chaque calcul les valeurs d'entrée doivent être mesurées ou appréciées. L'ingénieur et le praticien peuvent alors obtenir de l'emploi des abaques une aide substantielle par la simplification et la rapidité des calculs ainsi que par des possibilités nouvelles qui lui permettent d'arriver à des valeurs exactes là où jusqu'à présent il devait se contenter de résultats approchés. Ainsi les abaques constituent un outil efficace procurant au technicien une économie considérable de temps et de travail.

Malgrè le format réduit (14,5 × 21 cm) la facilité et l'exactitude des lectures sont encore très grandes, toute la place disponible étant utilisée pour les diagrammes. La page voisine contient un texte explicatif indiquant les diverses unités et grandeurs caractéristiques en 3 langues (français, allemand, anglais) ainsi qu'un exemple permettant de se familiariser immédiatement avec l'emploi de l'abaque.

Introduction

La présente réunion d'abaques concernant la technique du chauffage central apportera une aide considérable aux ingénieurs spécialistes pour leurs calculs et l'établissement de leurs projets. Les abaques permettent d'effectuer un grand nombre de calculs très rapidement et avec une exactitude suffisante. La lecture des valeurs cherchées sur les abaques constitue toujours la méthode de calcul la plus expéditive. En outre les abaques possèdent l'avantage de mettre clairement en évidence toutes les valeurs utilisées pour le calcul. Il n'y a donc pas lieu d'être surpris si dans les divers domaines de la technique, on utilise déjà un grand nombre de diagrammes (tels que par exemple le diagramme I-S) permettant aux Ingénieurs d'effectuer leurs calculs un peu comme le général suit le combat sur la carte.

Un recueil d'abaques ne peut constituer un livre d'études et son emploi suppose qu'on est déjà familiarisé avec les diverses grandeurs et leur utilisation dans les calculs. Pour chaque calcul les valeurs d'entrée doivent être mesurées ou appréciées. L'ingénieur et le praticien peuvent alors obtenir de l'emploi des abaques une aide substantielle par la simplification et la rapidité des calculs ainsi que par des possibilités nouvelles qui lui permettent d'arriver à des valeurs exactes là où jusqu'à présent il devait se contenter de résultats approchés. Ainsi les abaques constituent un outil efficace procurant au technicien une économie considérable de temps et de travail.

Ainsi qu'il arrive avec un outil quelconque, chaque occasion d'emploi permet à l'utilisateur de se perfectionner dans son application pratique et le technicien est peu à peu entraîné à se servir d'un abaque après l'autre, pour son travail journalier. Nous donnons d'ailleurs ci-après un court mode d'emploi.

L'utilité des abaques apparait immédiatement à l'ingénieur qui prend la peine d'évaluer l'économie de temps obtenue dans un délai déterminé (un mois par exemple) par rapport aux méthodes de calculs habituelles; malgrè tout le soin apporté à leur établissement il est bien certain que les abaques que nous présentons sont susceptibles d'améliorations. Aussi l'éditeur accueillera avec le plus grand intérêt les suggestions qui pourront lui être présentées à ce sujet.

1936.

F. Derigs.

Instructions d'emploi

1. Avant l'emploi pratique des abaques on doit se familiariser avec les différentes unités et valeurs de calcul données et recherchées.

2. Pour simplifier il est recommandé de suivre les exemples indiqués dans la page de texte et qui correspondent aux lignes pointillées avec flèches tracées sur les abaques. La concordance des chiffres indiqués dans le texte avec les divisions ou points de rencontre des groupes de lignes montre immédiatement le mode d'utilisation des abaques pour d'autres valeurs.

3. Il est recommandé de débuter par un abaque simple telle que celui de la page 16 concernant les dimensions principales des tubes. L'exemple donne pour le diamètre nominal $d_n = 100$ m/m, les valeurs correspondantes ou diamètre intérieur d_i, épaisseur F, section libre F_i, capacité V_i, surface des parois F_e, poids G_e. On trouve immédiatement les valeurs données dans le texte en suivant les lignes pointillées dans le sens de la flèche.

4. Pour augmenter l'échelle des abaques on peut éventuellement multiplier les valeurs correspondantes par un multiple quelconque de 10, comme indiqué dans divers exemples (Abaques 5, 7, 18, 21, 23, 36).

Inhaltsverzeichnis.

Table of Contents.

Table des Matières.

1

1*

7

Abgekürzte Quellenangabe.

Rietschel = H. Rietschels Leitfaden der Heiz- und Lüftungstechnik, 10. Aufl. Berlin 1934.

Recknagel = H. Recknagels Hilfstafeln zur Berechnung von Warmwasserheizungen. 6. Aufl. München 1933.

DIN 4701 = Regeln für die Berechnung des Wärmebedarfs und der Heizkörper- und Kesselgrößen von Warmwasser- und Niederdruckdampf-Heizungsanlagen (Dinorm 4701). Berlin 1929.

Hütte = Hütte, 26. Aufl., Bd. I, Berlin 1932.

Zeichenerklärung.

Key to Symbols.

Explication des notations.

9

i_D	$\dfrac{\text{kcal}}{\text{kg}}$	Wärmeinhalt des Dampfes . . . . Heat content of steam Chaleur de la vapeur	40
i_W	$\dfrac{\text{kcal}}{\text{kg}}$	Wärmeinhalt des Wassers . . . . Heat content of water Chaleur contenue dans l'eau	18, 19, 40
k	$\dfrac{\text{kcal}}{\text{m}^2\,\text{h}\,^0\text{C}}$	Wärmedurchgangszahl . . . . Coefficient of heat transmission Coefficient de transmission	5, 6, 31, 32
k'	$\dfrac{\text{kcal}}{\text{m}^2\,\text{h}\,^0\text{C}}$	Teil-Wärmedurchgangszahl . . . . Partial coefficient of heat transmission Coefficient de transmission partiel	5
k_B	$\dfrac{\text{M}}{\text{t}}$	Brennstoffkosten . . . . Fuel costs Prix du combustible (par tonne)	39
k_Q	$\dfrac{\text{M}}{10^6\,\text{kcal}}$	Wärmekosten im Brennstoff . . . . Cost of heat in the fuel Coût de la chaleur dans le combustible	39
k_{Qh}	$\dfrac{\text{M}}{10^6\,\text{kcal}}$	Wärmekosten im beheizten Raum. . . . . Cost of heat in the heated space Coût de la chaleur dans le local chauffé	39
l	m	Länge der Rohrleitung. . . . . Lenght of pipe line Longueur de la tuyauterie	21
l_k	mm	Koks-Korngröße. . . . . Size of coke Grosseur du coke	38
n		Luftüberschußzahl . . . . Excess air factor Coefficient d'excès d'air	14
p_l	$\dfrac{\text{mm}\,\text{H}_2\text{O}}{\text{m}}$	Druckgefälle (je 1 m Rohrleitung) . . . . 22, 24, 26, 27, 28, 29 Pressure drop per metre-run of pipe Chute de pression (par m de conduite)	
p_D	ata	Dampfdruck . . . . Steam pressure Pression de la vapeur	18, 40
q_f	$\dfrac{\text{kcal}}{\text{m}^2\,\text{h}}$	Wärmeleistung (je 1 m² Fläche). . . . . Heat output per square metre of surface per hour Quantité de chaleur émise (par m² de surface et par heure)	7
q_k	$\dfrac{\text{kcal}}{\text{m}^2\,\text{h}}$	Heizflächenbelastung. . . . . Loading of heating surface Taux d'émission de la surface de chauffe	10
q_r	$\dfrac{\text{kcal}}{\text{m}\,\text{h}}$	Wärmeabgabe (je 1 m Rohrleitung) . . . . Heat emission per metre-run of pipe line per hour Chaleur émise par m de conduite	32

q_t	$\dfrac{kcal}{{}^0C\,h}$	Wärmeleistung (je 1° C Temperaturunterschied) . . . . . Heat output per hour (per 1° C difference of temperature) Taux d'émission (par °C d'écart de température et par heure)	7
q_F	$\dfrac{kcal}{m^2\,h}$	Wärmebedarf (je 1 m² Umschließungsfläche) . . . . Heat required (per square metre of wall and window area) Quantité de chaleur nécessaire (par m² de surface de paroi extérieure totale)	9
q_G	$\dfrac{1000\ kcal}{{}^0C\,(24\,h)}$	Wärmeverbrauch (je 1 Gradtag) . . . . Heat consumption per degree Centigrade per 24 hr. (i. e. per degree-day) Consommation de chaleur (par degré et par jour)	36
q_J	$\dfrac{kcal}{m\,h\,{}^0C}$	Wärmeverlust (je 1 m Rohrlänge)	20, 21
		Heat loss (per metre-run of pipe) Déperdition de chaleur (par m de conduite)	
q_V	$\dfrac{kcal}{m^3\,h}$	Wärmebedarf (je 1 m³ umbauten Raum) . . . . Head required (per cubic metre of enclosed space) Chaleur nécessaire (par m³ de local)	8
r	$\dfrac{m\,h\,{}^0C}{kcal}$	spezifischer Wärmewiderstand	1, 6
		Specific thermal resistance Résistance thermique spécifique	
t_a	^0C	Außentemperatur	13, 35
		Outdoor temperature Température extérieure	
t_m	^0C	mittlere Wassertemperatur	35
		Mean temperature of water Température moyenne de l'eau	
t_{max}	^0C	höchste Betriebstemperatur	11
		Maximum operating temperature Température maximum de fonctionnement	
t_v	^0C	Wassertemperatur im Vorlauf	23, 35
		Temperature of water in flow Température de l'eau dans la canalisation d'amenée	
t_r	^0C	Wassertemperatur im Rücklauf	23, 35
		Temperature of water in return Température de l'eau dans la canalisation de retour	
t_L	^0C	Raumtemperatur	3, 4, 21
		Room temperature Température du local	
t_o	^0C	Oberflächentemperatur	3, 4
		Surface temperature Température superficielle	
t_R	^0C	Temperatur der Rauchgase	13, 14, 15
		Temperature of flue gases Température des fumées	

12

13

G_E	$\dfrac{kg}{m}$	Eisengewicht (je 1 m Rohrlänge) . . . . Weight of iron (per metre-run of pipe) Poids de fer (par m de tuyau)	16
H_o	$\dfrac{kcal}{kg}$	oberer Heizwert . . . . Gross calorific value Pouvoir calorifique supérieur	57
H_u	$\dfrac{kcal}{kg}$	unterer Heizwert . . . . 14, 36, 37, 39 Net calorific value Pouvoir calorifique inférieur	
J_D	$\dfrac{1000\,kcal}{h}$	stündlicher Wärmeinhalt des strömenden Dampfes . . . . Heat content of steam flow, per hour Quantité de chaleur horaire emportée par la vapeur	18
J_W	$\dfrac{1000\,kcal}{h}$	stündlicher Wärmeinhalt des strömenden Wassers . . . . . Heat content of water flow, per hour Quantité de chaleur horaire dans l'eau en circulation	18
M_B	$\dfrac{kg}{h}$	stündliche Brennstoffmenge . . . . Quantity of fuel per hour Quantité de combustible par heure	14
M_W	$\dfrac{l}{h}$	stündliche Wassermenge . . . . Quantity of water per hour Quantité d'eau par heure	21
P_{sch}	mm H_2O	Schornstein-Zugstärke . . . . Chimney draught Tirage de la cheminée	13
P_{sch_0}	mm H_2O	Schornstein-Zugstärke (für 0° C Außentemperatur) . . . . Chimney draught (with outdoor temperature 0° C) Tirage de la cheminée (pour température extérieure de 0° C)	13
P_{sch_α}	mm H_2O	Zugstärkenänderung (für andere Außentemperaturen) . . . Variation of draught (for other outdoor temperatures) Variations du tirage (pour les autres valeurs de la température extérieure)	13
ΔP	$\dfrac{mm\,H_2O}{m}$	wirksamer Druckunterschied . . . . Effective difference of pressure Différence de pression efficace	19
Q	$\dfrac{kcal}{h}$	Wärmeleistung . . . . Heat output Chaleur fournie par le chauffage	7
Q_b	$\dfrac{1000\,kcal}{h}$	Wärmebedarf des Gebäudes . . . . 8, 9, 10 Heat requirements of the building Quantité de chaleur requise par le bâtiment	
Q_h	$\dfrac{kcal}{h}$	Wärmeleistung (bezogen auf ein Temperaturgefälle von 20° C) . . . . 22, 23, 26, 28 Heat output (referred to 20° C temperature drop) Quantité de chaleur émise (pour une chute de température de 20° C)	

14

Q_{max}	$\dfrac{kcal}{h}$	höchster Wärmeverbrauch	36
		Maximum heat consumption	
		Consommation maximum de chaleur	
Q_t	$\dfrac{kcal}{h}$	Wärmeleistung (bei beliebigem Temperaturgefälle)	23
		Heat output (for given temperature drop)	
		Quantité de chaleur émise (pour une chute de température quelconque)	
Q_D	$\dfrac{1000\,kcal}{h}$	Wärmemenge im niedergeschlagenen Dampf	30
		Heat content of condensed steam	
		Chaleur contenue dans la vapeur condensée	
R	$\dfrac{m^2\,h\,{}^{\circ}C}{kcal}$	Wärmewiderstand	1, 2, 6, 7
		Thermal resistance	
		Résistance thermique	
S		Anzahl der Säulen (des Heizkörpers)	31
		Number of radiator columns	
		Nombre de colonnes (du radiateur)	
V_b	m^3	umbauter Raum des Gebäudes	8
		Enclosed volume of the building	
		Cube de bâtiment	
V_g	l	Wasserinhalt der gesamten Heizanlage.	11
		Water content of whole heating installation	
		Contenance totale en eau de l'installation	
V_i	$\dfrac{l}{m^3}$	Rauminhalt (je 1 m Rohrlänge)	16
		Capacity (per metre-run of pipe)	
		Contenance (par m de tuyau)	
V_z	l	größte Wärmedehnung des Wasserinhalts	11
		Maximum thermal expansion of water-content	
		Dilatation maximum de l'eau contenue dans l'installation	
V_A	l	notwendiger Rauminhalt des Ausdehnungsgefäßes.	11
		Requisite capacity of expansion tank	
		Capacité nécessaire pour le vase d'expansion	
V_{R_0}	$\dfrac{Nm^3}{kg}$	Rauminhalt der Rauchgase (für 0° C und 760 mm Hg) . . .	14
		Volume of flue gases (at 0° C and 760 mm Hg)	
		Volume spécifique des fumées (ramené à 0° C et 760 mm Hg)	
W_F	kcal	Wärmeaufwand für einmaliges Hochheizen	9
		Heat expenditure for single heating-up	
		Calories à dépenser pour une mise en marche	
Z_r	mm H_2O	Reibungsverlust	15
		Loss due to friction	
		Perte par frottement	
Z_w	mm H_2O	Geschwindigkeitsverlust	15
		Loss due to velocity	
		Perte de charge cinétique	

			Tafel / chart / abaque

Z_D mm H$_2$O Druckabfall durch Einzelwiderstände (Dampf) 25
Pressure drop due to individual resistances (steam)
Chute de pression due aux résistances locales (vapeur)

Z_W mm H$_2$O Druckabfall durch Einzelwiderstände (Warmwasser) . . . 25
Pressure drop due to individual resistances (warm water)
Chute de pression due aux résistances locales (eau chaude)

α_a $\dfrac{\text{kcal}}{\text{m}^2\text{h}^0\text{C}}$ äußere Wärmeübergangszahl 4, 5
Coefficient of outward heat transmission
Coefficient de transmission extérieur

α_i $\dfrac{\text{kcal}}{\text{m}^2\text{h}^0\text{C}}$ innere Wärmeübergangszahl 4, 5
Coefficient of inward heat transmission
Coefficient de transmission intérieur

α_{La} $\dfrac{\text{kcal}}{\text{m}^2\text{h}^0\text{C}}$ äußere Wärmeübergangszahl durch Leitung 3
Coefficient of outward heat transmission, for conduction
Coefficient de transmission extérieur par conductibilité

α_{Li} $\dfrac{\text{kcal}}{\text{m}^2\text{h}^0\text{C}}$ innere Wärmeübergangszahl durch Leitung. 3
Coefficient of inward heat transmission, for conduction
Coefficient intérieur de transmission par conductibilité

α_S $\dfrac{\text{kcal}}{\text{m}^2\text{h}^0\text{C}}$ Wärmeübergangszahl durch Strahlung. 4
Coefficient of heat transmission for radiation
Coefficient de transmission par rayonnement

γ_B $\dfrac{\text{m}^3}{\text{kg}}$ spezifisches Gewicht des Brennstoffs 37
Density of fuel
Poids spécifique de combustible

γ_D $\dfrac{\text{m}^3}{\text{kg}}$ spezifisches Gewicht des Dampfes. 18
Density of steam
Poids spécifique de la vapeur

γ_{L_0} $\dfrac{\text{kg}}{\text{Nm}^3}$ spezifisches Gewicht der Luft (für 0^0 C und 760 mm Hg) . . 13
Density of air (at 0^0 C and 760 mm Hg)
Poids spécifique de l'air (ramené à 0^0 C et 760 mm Hg)

γ_{R_0} $\dfrac{\text{kg}}{\text{Nm}^3}$ spezifisches Gewicht der Rauchgase (für 0^0 C und 760 mm Hg) 13, 15
Density of flue gases (at 0^0 C and 760 mm Hg)
Poids spécifique des fumées (ramené a 0^0 C et 760 mm Hg)

γ_W $\dfrac{\text{kg}}{\text{m}^3}$ spezifisches Gewicht des Wassers 40
Density of water
Poids spécifique de l'eau

δ cm Schichtdicke (Wandstärke) 1, 2, 3, 6
Thickness of layer (wall thickness)
Epaisseur de couche (Epaisseur de paroi)

δ_J cm Stärke der Isolierung 2, 20
Thickness of insulation
Epaisseur du revêtement calorifuge

$\varepsilon = \dfrac{1}{\eta_h}$ Heizkennziffer 36, 39

16

17

Wärmewiderstand und Wärmedurchlässigkeit von Baustoffen.
Thermal Resistance and Heat Permeability of Constructional Materials.
Résistance thermique et perméabilité thermique des matériaux de construction.

δ	cm	Schichtdicke Stoffart	thickness of layer material	épaisseur de couche matière	51 ⑭
r	$\dfrac{\text{m}^2\,\text{h}\,^0\text{C}}{\text{kcal}}$	spez. Wärmewider- stand	specific thermal re- sistance	résistance ther- mique spécifique	1,33
λ	$\dfrac{\text{kcal}}{\text{m}^2\,\text{h}\,^0\text{C}}$	Wärmeleitzahl	thermal conducti- vity	conductibilité ther- mique	0,75
R	$\dfrac{\text{m}^2\,\text{h}\,^0\text{C}}{\text{kcal}}$	Wärmewiderstand	thermal resistance	résistance ther- mique	0,68
Λ	$\dfrac{\text{kcal}}{\text{m}^2\,\text{h}\,^0\text{C}}$	Wärmedurchlässig- keit	heat permeability	perméabilité ther- mique	1,47

Stoffarten. — Materials. — Genres de matériaux.

				$\lambda =$
⑦	Asbestschiefer	asbestos slate	fibro-ciment	0,19
⑲	Eisenbeton	reinforced concrete	béton armé	1,3
⑰	Kiesbeton ($\gamma = 2200$ kg/m³)	gravel concrete ($\gamma = 2200$ kg/m³)	béton de cailloux ($\gamma = 2200$ kg/m³)	1,1
⑫	Schlackenbeton- stein-Mauerwerk	masonry of slag- concrete blocks	maçonnerie en ag- glomérés de béton de mâchefer	0,6
⑩	Bimsbetonstein- Mauerwerk	masonry of pumice- concrete blocks	maçonnerie en ag- glomérés de bé- ton-ponce (béton cellulaire)	0,45
⑯	Fliesen und Ka- cheln	flags and tiles	carreaux et car- relages	0,9
⑨	lufttrockener Gips	air-dry plaster of Paris	plâtre séché natu- rellement	0,37
⑧	Gipsdielen	plaster tiles	carreaux de plâtre	0,25
⑬	Glas	glass	verre	0,65
⑥	Holz, außen	wood, outside	bois, extérieurement	0,18
④	Holz, innen	wood, inside	bois, intérieurement	0,12
①	Korksteinplatten ($\gamma < 250$ kg/m³)	cork board plates ($\gamma < 250$ kg/m³)	carreaux de liège ($\gamma < 250$ kg/m³)	0,04
②	Korksteinplatten ($\gamma = 250 \div 400$ kg/m³)	cork board plates ($\gamma = 250 \div 400$ kg/m³)	carreaux de liège ($\gamma = 250 \div 400$ kg/m³)	0,055
④	Tekton, Heraklit, gebrannt. Kiesel- gursteine u. ä.	Tekton, Heraklit, burnt kieselguhr bricks	Tekton, Héraclite, agglomérés de kieselguhr	0,12

Hiezu Fortsetzung auf der Tafelrückseite.

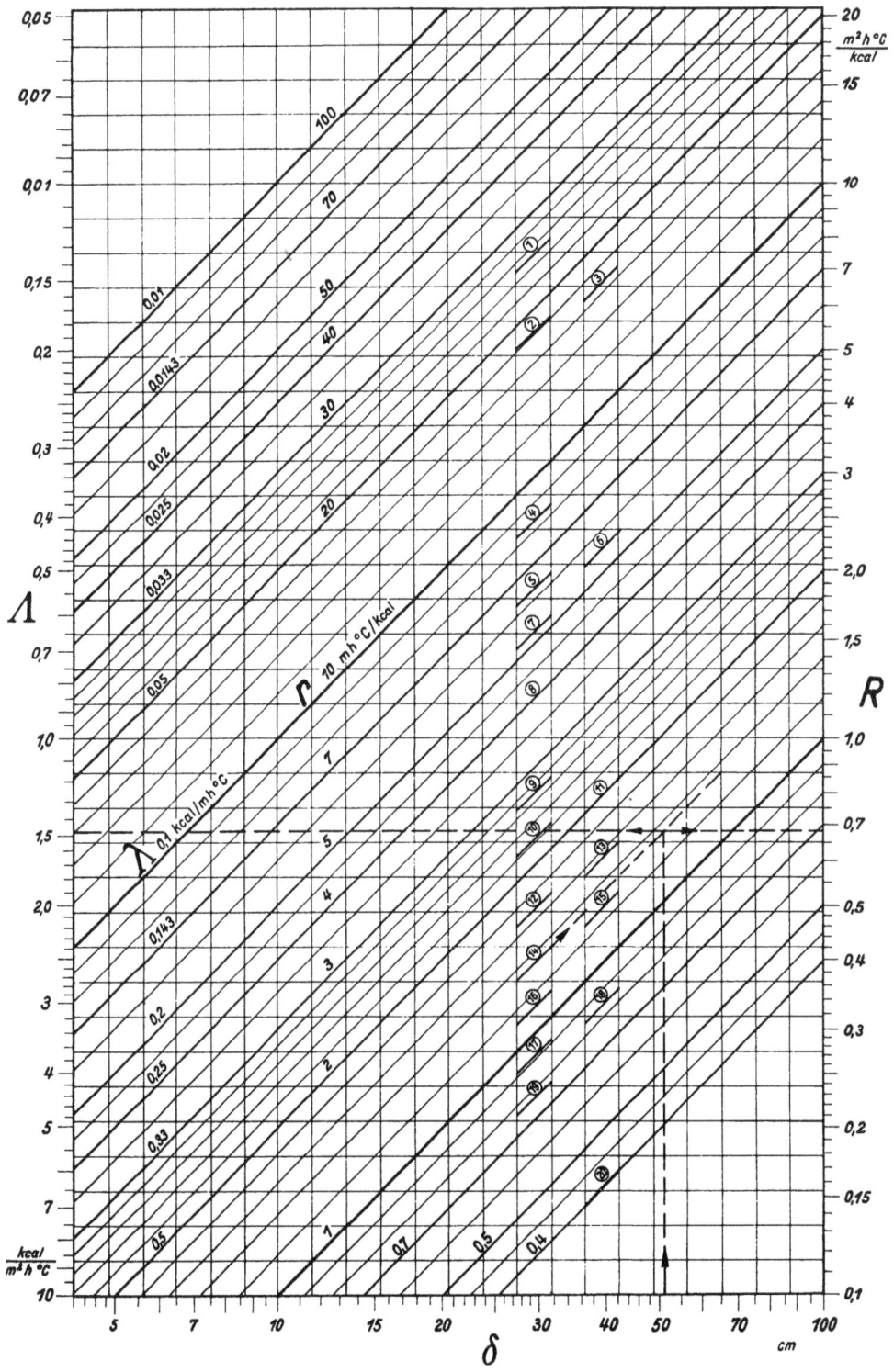

$\lambda =$

	German	English	French	λ
②	Torfplatten ($\gamma = 250 \div 400$ kg/m³)	peat slabs ($\gamma = 250 \div 400$ kg/m³)	carreaux agglomérés de tourbe ($\gamma = 250 \div 400$ kg/m³)	0,055
①	Torfleichtplatten, kernimprägniert ($\gamma < 250$ kg/m³)	core-impregnated light peat slabs ($\gamma < 250$ kg/m³)	plaques agglomérés légères en tourbe imprégnée à cœur ($\gamma < 250$ kg/m³)	0,04
⑯	Kalksandstein	sand-lime bricks	grès calcaire	0,9
⑳	Granit, Basalt, Gneis, Marmor	granit, gneiss, basalt, marble	granit, gneiss, basalte, marbre	2,5
⑮	Lehm, gestampft	rammed clay	argile pilonnée	0,8
⑤	Linoleum, als Fußbodenbelag	linoleum, as floor covering	linoléum sur parquets	0,16
④	Dachpappe	roofing felt	carton bitumé	0,12
③	Pappe als Wandbelag	millboard used as wall covering	carton employé comme revêtement de murs	0,06
⑭	Kalkputz an Außenflächen	lime plaster on outside surfaces	enduit à la chaux sur surfaces extérieures	0,75
⑫	Kalkputz an Innenflächen	lime plaster on inside surfaces	enduit à la chaux sur surfaces intérieures	0,6
⑪	trockene Sandschüttung in Decken	dry sand filling in ceilings	sable sec (employé comme remplissage de plafond)	0,5
⑱	Schiefer	slate	ardoise	
⑤	Schlackenschüttung in Decken	slag filling in ceilings, etc.	mâchefer (employé comme remplissage de plafonds etc.)	1,2
⑮	Zement, abgebunden	cement, set	ciment (après prise complète)	0,16
⑭	Ziegelstein-Mauerwerk, Außenwand	brickwork, outside wall	maçonnerie de briques (murs extérieurs)	0,75
⑫	Ziegelstein-Mauerwerk, Innenwand	brickwork, inside wall	maçonnerie de briques (murs intérieurs)	0,6

$$R = \frac{r \cdot \delta}{100} = \frac{\delta}{100 \cdot \lambda}$$

$$\Lambda = \frac{100 \cdot \lambda}{\delta} = \frac{100}{r \cdot \delta}$$

DIN 4701. — Rietschel.

	dichte Gesteine (Dolomitkalkstein, Marmor, Granit, Basalt):	dense stones (Dolomitic limestone, marble, granit, basalt):	pierres compactes (calcaire dolomitique, marbre, granit, basalte):	
⑲	einseitig, außen	one side, outside	une face, extérieure	
⑱	beiderseits, außen	both sides, outside	deux faces, extérieure	
⑰	beiderseits, innen	both sides, inside	deux faces, intérieure	
	Kiesbeton:	gravel concrete:	béton de cailloux:	
㉕	unverputzt, außen	without plaster, outside	sans enduit, extérieure	
㉔	unverputzt, innen	without plaster, inside	sans enduit, intérieure	
㉓	beiderseits, außen	both sides, outside	deux faces, extérieure	
㉒	beiderseits, innen	both sides, inside	deux faces, intérieure	
	Isolierwände aus Ziegelsteinmauerwerk:	insulating walls of brick masonry	cloisons isolantes en maçonnerie de briques	
⑧	beiderseits verputzt, mit Luftschicht von 5—12 cm	plastered on both sides, with 5 to 12 cm air space	avec enduit sur les deux faces, avec couche d'air de 5 a 12 cm d'épaisseur	
	mit unter Putz verlegter Isolierung aus kork- oder kernimprägnierten Torfleichtplatten an der Innenseite mit einer	with insulation of cork or core-impregnated light peat slabs, laid under plaster on inside with a	avec revêtement isolant en carreaux de liège ou en carreaux de tourbe imprégnés, posé sous enduit à l'intérieur des locaux, et d'une	
⑤	Stärke	thickness	épaisseur	$\delta_J = 2$ cm
④				3 cm
③				4 cm
②				5 cm
①				10 cm

DIN 4701. — Rietschel.

2

Wärmewiderstand und Wärmeübergangszahl von Mauerwerk.
Thermal Resistance and Heat Transmission Factor of Masonry.
Résistance thermique et coefficient de transmission de chaleur des maçonneries.

δ	cm	Wandstärke	wall thickness	épaisseur de paroi	51
		Bauart des Mauerwerks	type of masonry	genre de maçonnerie	⑪
R	$\dfrac{\text{m}^2\,\text{h}\,^0\text{C}}{\text{kcal}}$	Wärmewiderstand	thermal resistance	résistance thermique	0,9
k	$\dfrac{\text{kcal}}{\text{m}^2\,\text{h}\,^0\text{C}}$	Wärmedurchgangszahl	coefficient of heat transmission	coefficient de transmission thermique	1,11

Bauarten des Mauerwerks — Types of Masonry — Genres de maçonneries

	Ziegelsteine:	bricks:	brique:
⑪	einseitig verputzt, Außenwand	plastered on one side, outside wall	avec enduit sur une face, paroi extérieure
⑩	beiderseitig verputzt, Außenwand	plastered on both sides, outside wall	avec enduit sur les deux faces, paroi extérieure
⑥	beiderseitig verputzt, Innenwand	plastered on both sides, inside wall	avec enduit sur les deux faces, paroi intérieure
	Schlackenbetonsteine:	slag concrete blocks:	agglomérés de béton de mâchefer:
⑦	beiderseits, außen	both sides, outside	deux faces, extérieure
⑥	beiderseits, innen	both sides, inside	deux faces, intérieure
	Bimsbetonsteine, Schwemmsteine:	pumice concrete blocks, porous bricks:	agglomérés de béton-ponce, béton cellulaire:
㉑	beiderseits, außen	both sides, outside	deux faces, extérieure
⑳	beiderseits, innen	both sides, inside	deux faces, intérieure
	Kalksandsteine:	sand-lime bricks:	grès calcaire:
⑬	einseitig, außen	one side, outside	une face, extérieure
⑫	beiderseits, außen	both sides, outside	deux faces, extérieure
⑨	beiderseits, innen	both sides, inside	deux faces, intérieure
	porige Gesteine (Sandstein, weicher oder sandiger Kalkstein):	porous stones (sandstone, soft or sandy limestone):	pierres poreuses (grès, calcaire tendre ou sableux):
⑯	einseitig, außen	one side, outside	une face, extérieure
⑮	beiderseits, außen	both sides, outside	deux faces, extérieure
⑭	beiderseits, innen	both sides, inside	deux faces, intérieure

Hiezu Fortsetzung auf der Vorderseite des Blattes.

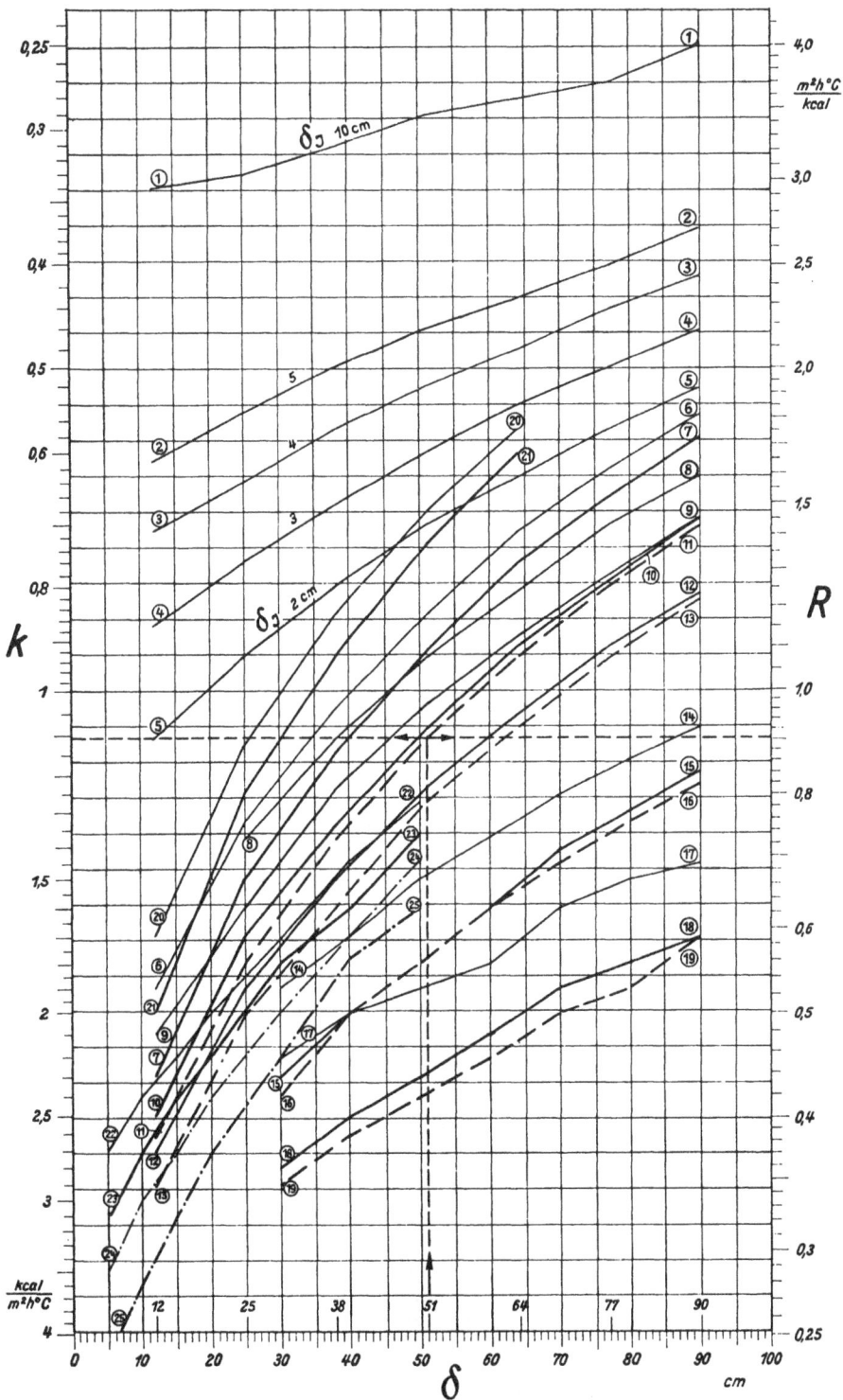

2 *

Wärmeübergang durch Leitung.
Heat Transmission by Conduction.
Transmission de chaleur par conduction.

I. Innerer Wärmeübergang. — Inward Heat Transmission. — Transmission de chaleur vers l'intérieur.

δ	cm	Wandstärke	wall thickness	épaisseur de paroi	51
		Wandart	nature of wall	nature de la paroi	MW
t_L	°C	Raumtemperatur	room temperature	température du local	20,0
t_O	°C	Oberflächentemperatur (innen)	surface temperature (inside)	température superficielle (intérieure)	15,0
$t_L - t_O$	°C	wirksamer Temperaturunterschied	effective temperature difference	différence de température efficace	5,0
		Luftströmung im Raum	air flow in room	circulation de l'air dans le local	②
α_{Li}	$\dfrac{\text{kcal}}{\text{m}^2\,\text{h}\,°\text{C}}$	innere Wärmeübergangszahl durch Leitung	coefficient of inward heat transmission by conduction	coefficient de transmission intérieure par conductibilité	3,3

Wandarten. — Nature of Walls. — Nature des parois.

MW	Mauerwerk	brickwork	maçonnerie	
EF	Einfachfenster	single-glass window	fenêtres simples	
	Doppelfenster	double-glass window	doubles fenêtres	

Luftströmung im Raum. — Air Flow in Room. — Circulation de l'air dans le local.

①	störungsfrei strömende Luft	undisturbed air flow	circulation sans perturbation	3
②	normale Raumluft	ordinary room conditions	atmosphère normale	4
③	Raumluft bei großen Temperaturunterschieden (Einzelfenster)	room with large temperature difference (with single-glass window)	grands écarts de températures (fenêtres simples)	5
④	gestörte Raumluft (Eisenbahnfenster)	disturbed air (in a railway carriage)	atmosphère agitée (compartiment de chemin de fer)	6

$$\alpha_{Li} = 0,55 \cdot m\,[t_L - t_O]^{0,25}$$

$$\alpha_i = \alpha_{Li} + \alpha_{Si}$$

II. Äußerer Wärmeübergang. — Outward Heat Transmission. — Transmission de chaleur vers l'extérieur.

w_L	$\dfrac{\text{m}}{\text{s}}$	Windgeschwindigkeit	air velocity	vitesse de l'air	6,0
α_{La}	$\dfrac{\text{kcal}}{\text{m}^2\,\text{h}\,°\text{C}}$	äußere Wärmeübergangszahl durch Leitung	coefficient of outward heat transmission by conduction	coefficient de transmission extérieure par conductibilité	26,5

$$\alpha_{La} = 5,3 + 3,6 \cdot w_L \quad \ldots \ldots \quad (w_L \leq 5\ \text{m/s})$$

$$\alpha_{La} = 6,47 \cdot w_L \quad \ldots \quad \ldots \ldots \quad (w_L > 5\ \text{m/s})$$

$$\alpha_a = \alpha_{La} + \alpha_{Sa}$$

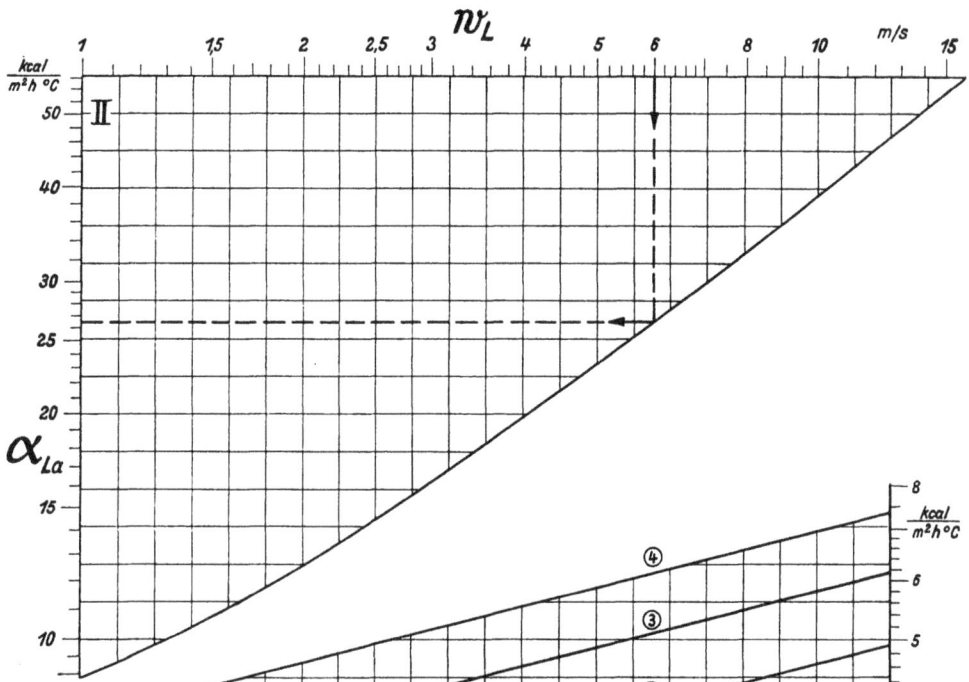

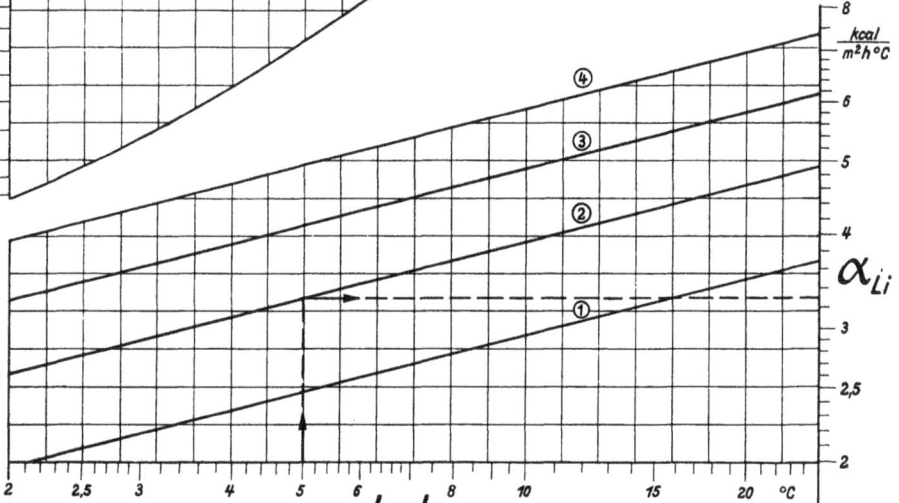

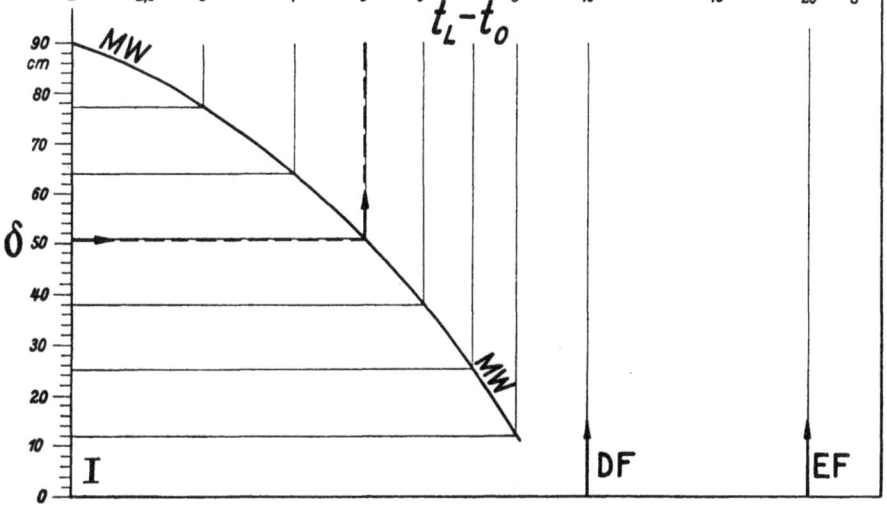

4

Wärmeübergang durch Strahlung.
Heat Transmission by Radiation.
Transmission de chaleur par rayonnement.

I.

t_O	^{0}C	Oberflächentempe-ratur	surface tempera-ture	température super-ficielle	15,0
t_L	^{0}C	Raumtemperatur	room temperature	température du local	20,0
C_S	$\dfrac{\text{kcal}}{\text{m}^2\,\text{h}\,(^0\text{abs})^4}$	Strahlungskon-stante	radiation constant	constante de rayonnement	4,6
α_S	$\dfrac{\text{kcal}}{\text{m}^2\,\text{h}\,^0\text{C}}$	Wärmeübergangs-zahl durch Strah-lung	coefficient of heat transmission by radiation	coefficient de trans-mission par rayonnement	4,55

$$\alpha_S = C_S \frac{\left(\dfrac{T_L}{100}\right)^4 - \left(\dfrac{T_O}{100}\right)^4}{t_L - t_O}$$

II.

		Stoffart	Material	Matérial	③
C_S	$\dfrac{\text{kcal}}{\text{m}^2\,\text{h}\,(^0\text{abs})^4}$	Strahlungskon-stante	radiation constant	constante de rayon-nement	4,6
$\dfrac{C_S}{4,96}$		Absorptionsver-hältnis	absorption ratio	taux d'absorption	0,93

Stoffarten. — Materials. — Matériaux.				$C_S =$
①	Eisen, matt oxy-diert	iron, matte oxidis-ed	fer, oxydé mat	4,76
㉑	Kupfer, blank poliert	copper, polished bright	cuivre poli	0,85
⑭	Kupfer, gewalzt	copper, rolled	cuivre laminé	3,17
⑳	Zink, matt	zinc, matte	zinc, mat	1,04
⑧	Holz, glatt	wood, smooth	bois, lisse	1,86
⑮	Marmor ⎱ glatt ge-schliffen,	marble ⎱ ground smooth,	marbre ⎱ surfaces douces lisses,	2,88
⑯	Granit ⎰ aber nicht glänzend	granite ⎰ but not polished	granit ⎰ mais non brillantes	2,33
⑦	Gips	plaster of Paris	plâtre	3,86
⑤	Kalkmörtel, rauh weiß	lime mortar, rough white	mortier de chaux, blanc rugueux	4,47
②	Verputz	plaster	enduits de murs in-térieurs	4,61
③	Mauerwerk	masonry	maçonnerie	4,61
⑲	Kies	gravel	gravier	1,44
⑰	Lehm	clay	argile	1,93
⑪	Sand	sand	sable	3,77
④	Glas	glass	verre	4,61
⑬	Wasser	water	eau	3,32
⑫	Sägespäne	sawdust	sciure de bois	3,72
⑥	Papier	paper	papier	3,96
⑱	Ackererde	soil	terre végétale	1,89
⑩	Baumwollzeug	cotton fabric	tissu de coton	3,82
⑨	Ölanstrich	oil paint	peinture à l'huile	3,86

Hütte.

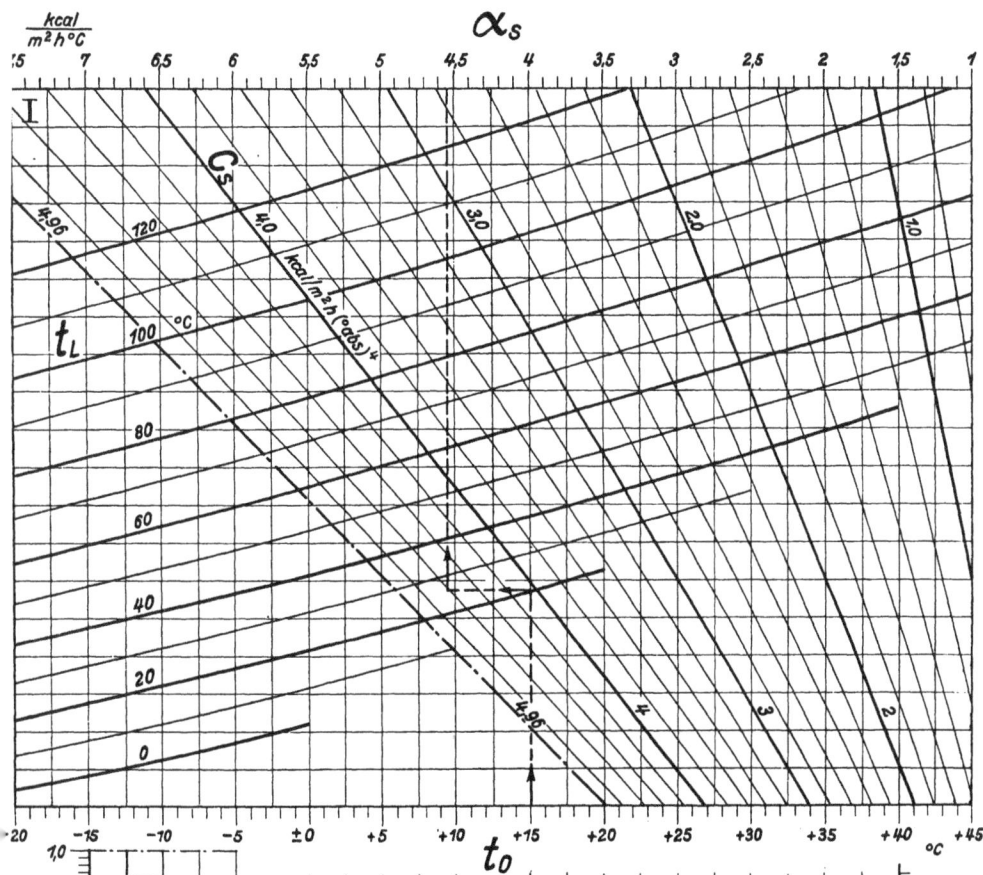

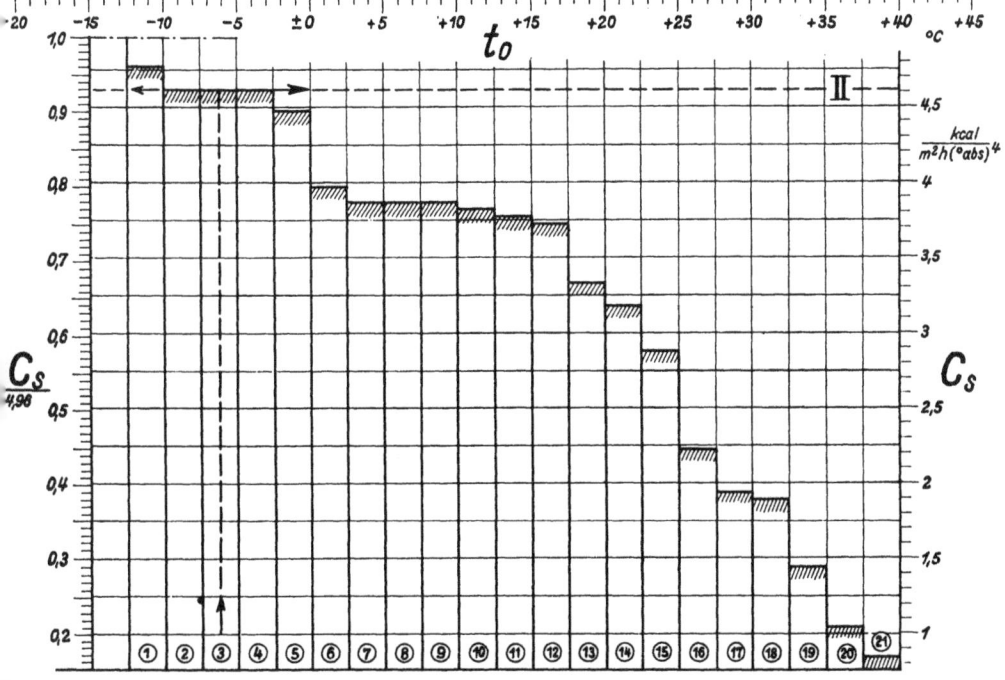

Berechnung der Wärmedurchgangszahl.
Calculation of the Coefficient of Heat Transmission.
Calcul du coefficient de transmission de chaleur.

①

α_i	$\dfrac{\text{kcal}}{\text{m}^2\,\text{h}\,^\circ\text{C}}$	innere Wärme-durchgangszahl	coefficient of inward heat transmission	coefficient de trans-mission intérieur	7,0
Λ	$\dfrac{\text{kcal}}{\text{m}^2\,\text{h}\,^\circ\text{C}}$	Wärmedurchlässig-keit	heat permeability	perméabilité ther-mique	1,5
k'	$\dfrac{\text{kcal}}{\text{m}^2\,\text{h}\,^\circ\text{C}}$	Teil-Wärmedurch-gangszahl	coefficient of partial heat transmission	coefficient de trans-mission partiel	1,24

②

α_a	$\dfrac{\text{kcal}}{\text{m}^2\,\text{h}\,^\circ\text{C}}$	äußere Wärme-durchgangszahl	coefficient of out-ward heat trans-mission	coefficient de trans-mission extérieur	20,0
k'	$\dfrac{\text{kcal}}{\text{m}^2\,\text{h}\,^\circ\text{C}}$	Teil-Wärmedurch-gangszahl	coefficient of par-tial heat trans-mission	coefficient de trans-mission partiel	1,24
k	$\dfrac{\text{kcal}}{\text{m}^2\,\text{h}\,^\circ\text{C}}$	Wärmedurch-gangszahl	coefficient of heat transmission	coefficient de trans-mission de cha-leur	1,17

$$k = \frac{1}{\dfrac{1}{\alpha_1} + \dfrac{1}{\Lambda} + \dfrac{1}{\alpha_2}}$$

$$\frac{1}{k'} = \frac{1}{\alpha_i} + \frac{1}{\Lambda}$$

$$\frac{1}{k} = \frac{1}{k'} + \frac{1}{\alpha_a}$$

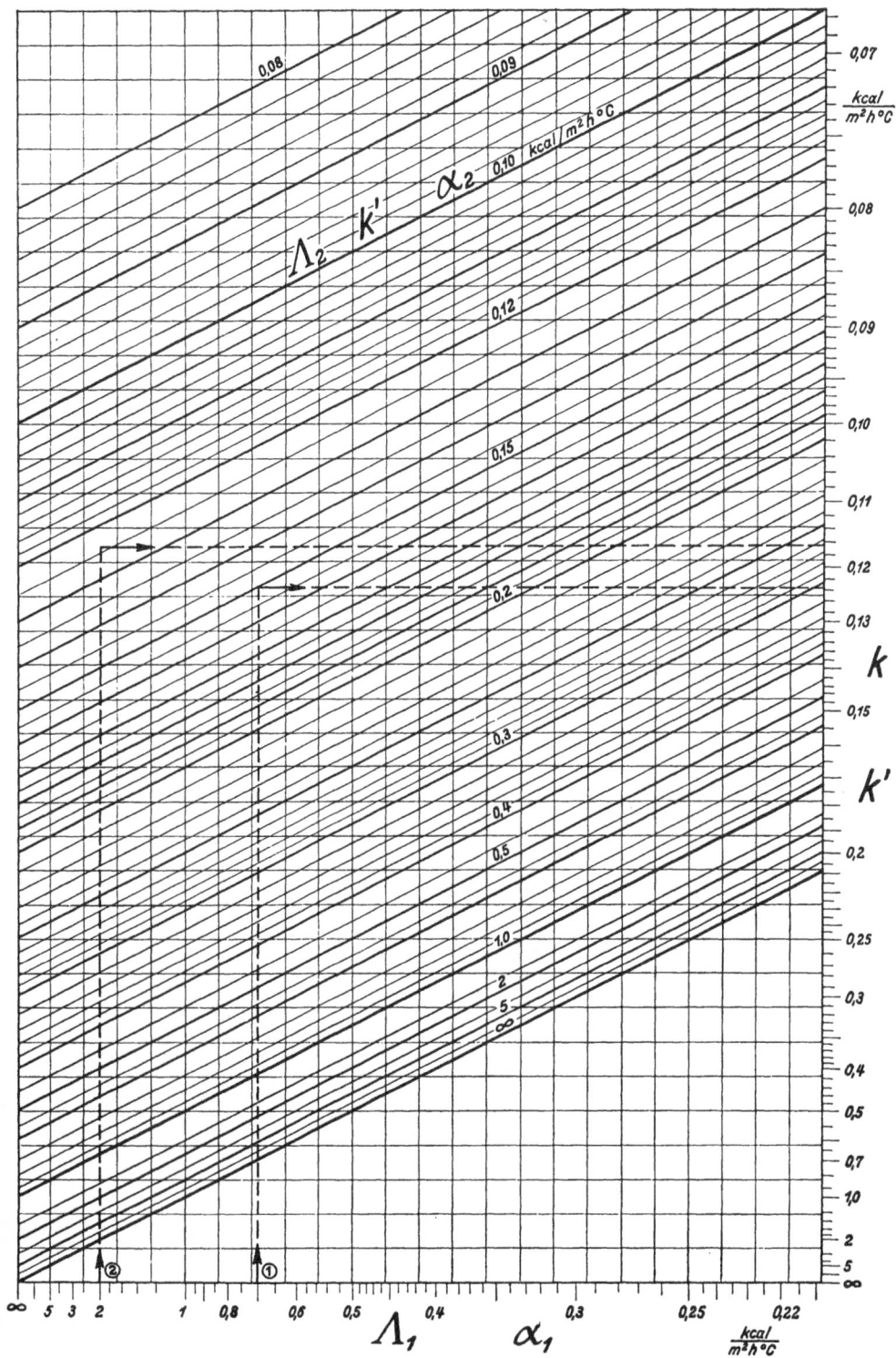

Wärmewiderstand und Wärmedurchlässigkeit von Metallen und Luftschichten.
Thermal Resistance and Heat Permeability of Metal and Air Spaces.
Résistance thermique et perméabilité thermique des métaux et des couches d'air.

I. Metalle. — Metals. — Métaux.

δ	cm	Schichtdicke	thickness of layer	épaisseur de couche	2,0
		Metallart	metal	métal	Fe
R	$\dfrac{\text{m}^2\,\text{h}\,^0\text{C}}{\text{kcal}}$	Wärmewiderstand	thermal resistance	résistance ther-mique	0,000445
k	$\dfrac{\text{kcal}}{\text{m}^2\,\text{h}\,^{\text{C}}\text{C}}$	Wärmedurchlässig-keit	heat permeability	perméabilité ther-mique	2250

Metallarten. — Metals. — Métaux.

Al	Aluminium	aluminium	aluminium
Cu	Kupfer	copper	cuivre
Fe	Eisen	iron	fer
Ni	Nickel	nickel	nickel
Pb	Blei	lead	plomb
Sb	Zinn	tin	étain
Zn	Zink	zinc	zinc

II. Luftschichten. — Air Spaces. — Couches d'air.

δ	cm	Schichtdicke	thickness of layer	épaisseur de couche	4,0
		Lage der Luft-schicht	position of air space	position de la couche d'air	⫫
R	$\dfrac{\text{m}^2\,\text{h}\,^0\text{C}}{\text{kcal}}$	Wärmewiderstand	thermal resistance	résistance ther-mique	0,185
Λ	$\dfrac{\text{kcal}}{\text{m}^2\,\text{h}\,^0\text{C}}$	Wärmedurchlässig-keit	heat permeability	perméabilité ther-mique	5,4

Lage der Luftschicht. — Position of Air Space. — Position de la couche d'air.

‖	senkrechte Luft-schicht	vertical air space	couche d'air verti-cale
⫫	waagerechte Luft-schicht mit Wärmestrom nach oben	horizontal air space with upward heat flow	couche d'air hori-zontale, flux de chaleur ascendant
⫫	waagerechte Luft-schicht mit Wärmestrom nach unten	horizontal air space with downward heat flow	couche d'air hori-zontale, flux de chaleur descendant

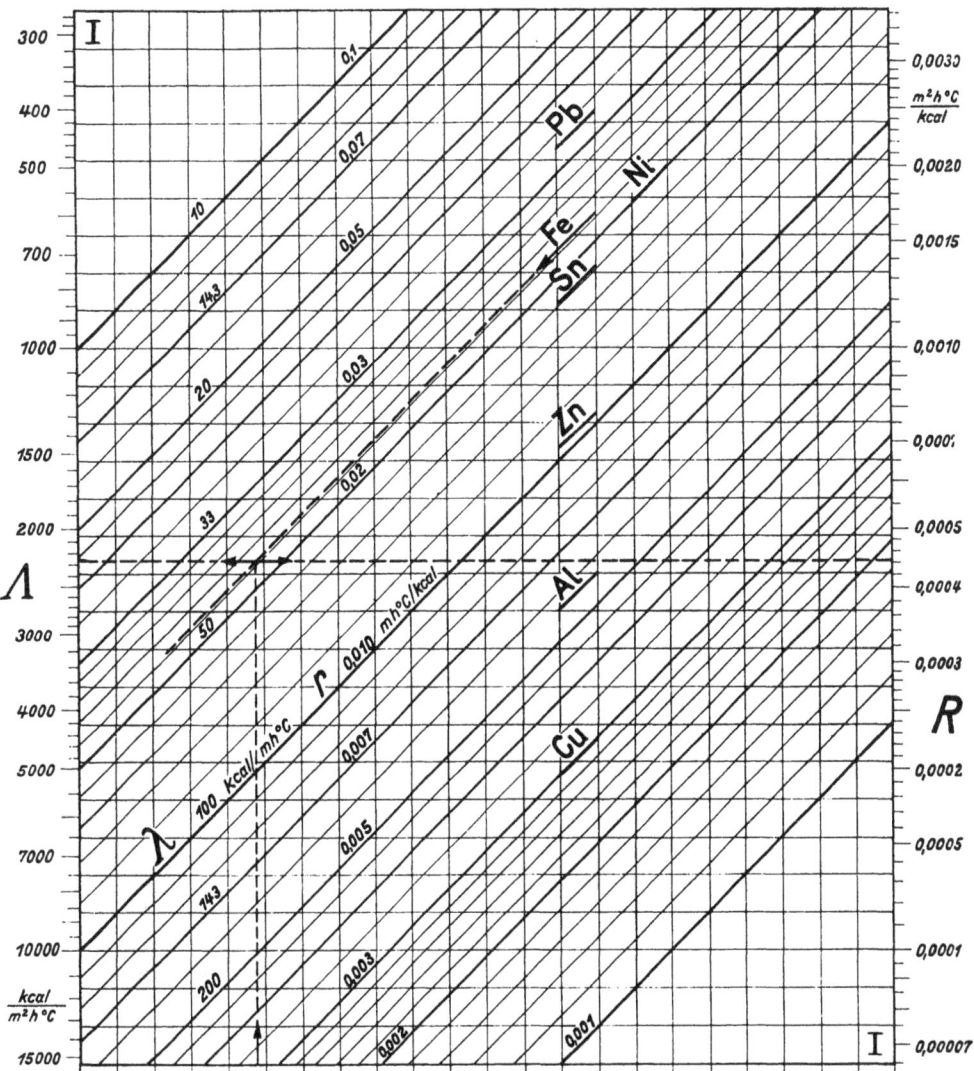

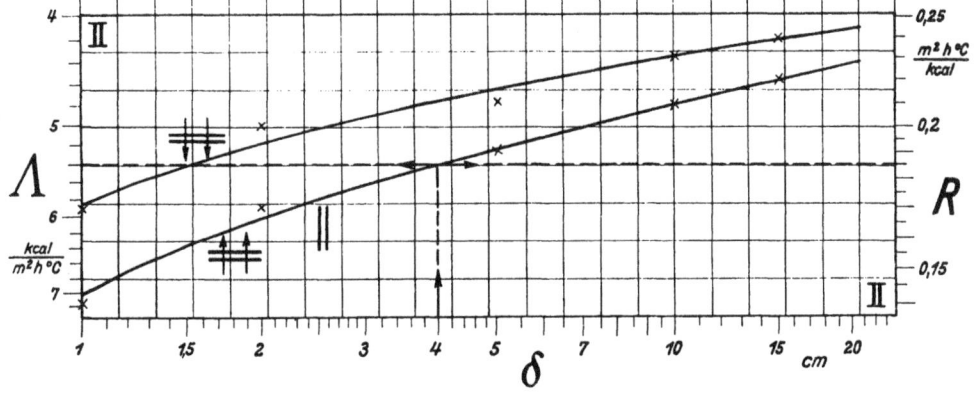

Wärmedurchgangszahl und Wärmebedarf.
Coefficient of Heat Transmission and Heat Requirement.
Coefficient de transmission de chaleur et besoins en chaleur.

①

k	$\dfrac{\text{kcal}}{\text{m}^2\,\text{h}\,^0\text{C}}$	Wärmedurch-gangszahl	coefficient of heat transmission	coefficient de transmission de chaleur	1,43
F_q	m²	Durchgangsfläche	transmission surface	surface de transmission	24,0
q_t	$\dfrac{\text{kcal}}{^0\text{C}\,\text{h}}$	spez. Wärmelei-stung (je 1⁰ Temperaturunter-schied)	heat output per hour (per 1⁰ C difference temperature)	taux de transmission (par ⁰C d'écart de température et par heure)	34,2
$\varDelta t$	⁰C	Temperaturunter-schied	temperature difference	différence de température	9,0
Q	$\dfrac{\text{kcal}}{\text{h}}$	Wärmeleistung	heat output	chaleur fournie par le chauffage	310

②

q_f	$\dfrac{\text{kcal}}{\text{m}^2\,\text{h}}$	spez. Wärmelei-stung (je 1 m³ Durchgangs-fläche)	heat output per square metre of surface per hour	quantité de chaleur transmise (par m² de surface et par heure)	12,8

$$q_f = \varDelta t \cdot k = \frac{\varDelta t}{R}$$

$$q_t = F \cdot k = \frac{F}{R}$$

$$Q = F \cdot q_f = \varDelta t \cdot q_t$$

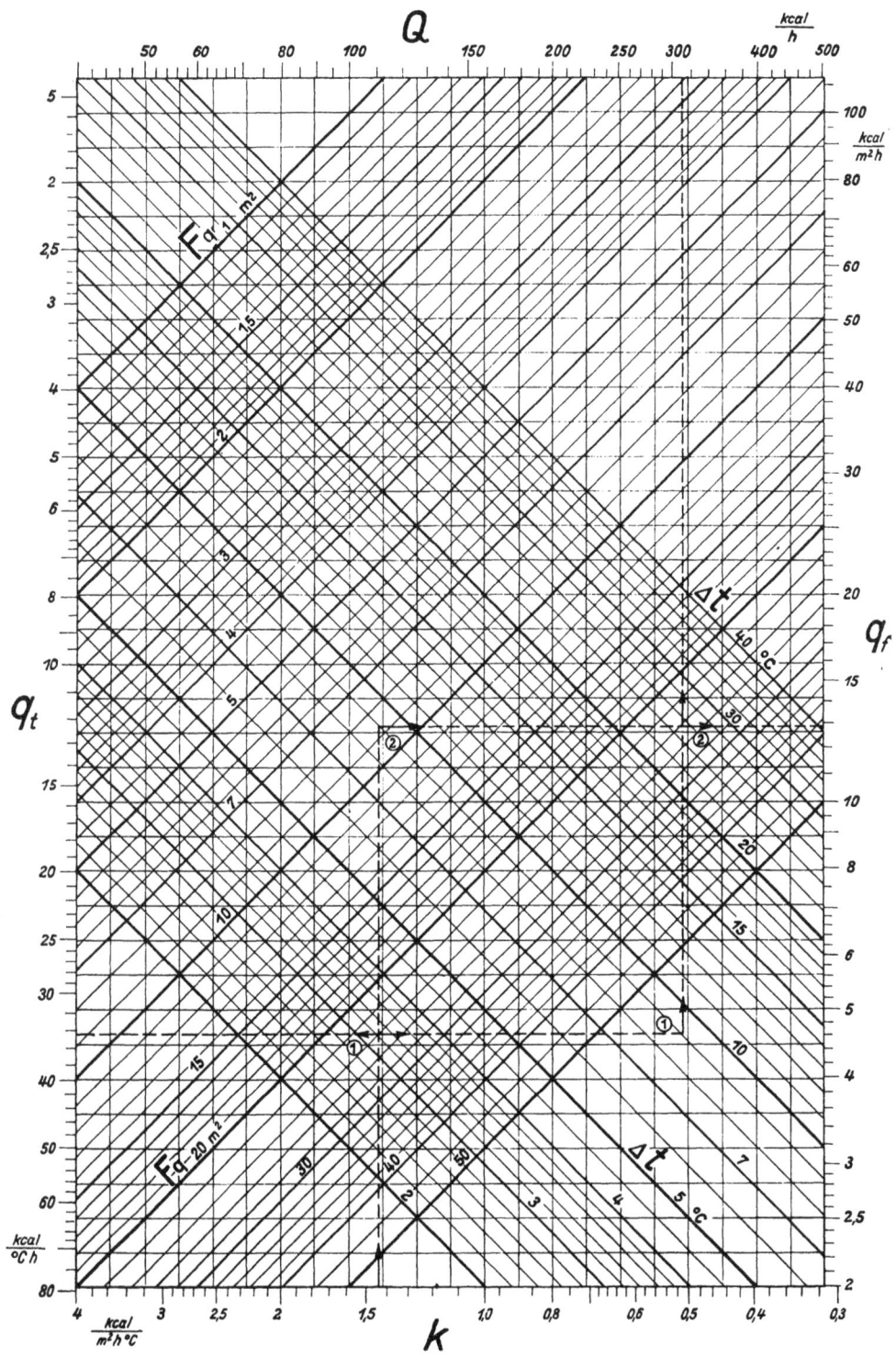

Wärmebedarf von Gebäuden (Mittelwerte).
Heat Requirements of Buildings (Average Values).
Besoins en chaleur des édifices (valeurs moyennes).

						①	②
V_b	m³	umbauter Raum	enclosed volume of the building	cube du bâtiment		6000	6000
		Ausführungsart	type of construction	genre d'exécution		Ⓐ	Ⓑ
q_v	$\dfrac{\text{kcal}}{\text{m}^3\,\text{h}}$	Wärmebedarf (je 1 m³ umbauten Raum)	heat required (per cubic metre of enclosed space)	chaleur nécessaire (par m³ de local)		16,0	26,5
Q_b	$\dfrac{1000\ \text{kcal}}{\text{h}}$	Wärmebedarf des Gebäudes	heat requirements of the buildings	quantité de chaleur requise par le bâtiment		96	160

Ausführungsarten. — Type of Construction. — Genres d'exécution.

Ⓐ	gute Ausführung, günstige Verhältnisse	good construction favourable conditions	bonne exécution, conditions favorables
Ⓑ	schlechte Ausführrung, ungünstige Verhältnisse	bad construction, unfavourable conditions	mauvaise exécution, conditions défavorables

$$\boxed{Q_b = q_v \cdot V_b}$$

Rietschel. — Hottinger M., Heizung und Lüftung. München 1926.

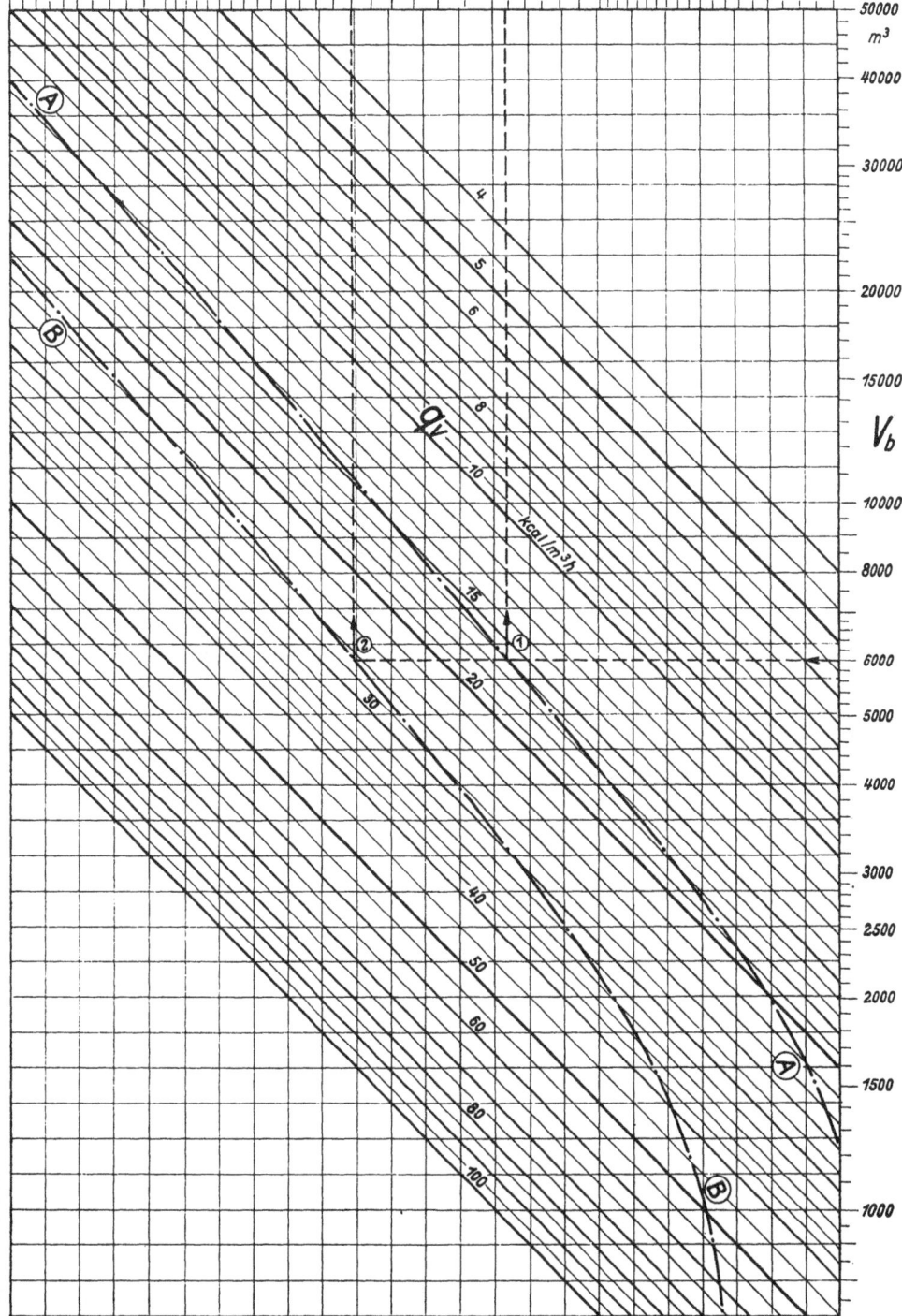

Kirchenheizung.
Church Heating.
Chauffage des églises.

Z	h	Aufheizzeit	heating-up period	temps de mise en route	5,0
F_o	m²	Umschließungsfläche	exposed outer surface of building	surface totale de paroi extérieure	3600
F_F	m²	Fensterfläche	window area	surface des fenêtres	900
$\sigma = \dfrac{F_F}{F_O}$		Fensterverhältnis	window ratio	proportion de surface vitrée	0,25
q_F	$\dfrac{\text{kcal}}{\text{m}^2\,\text{h}}$	Wärmebedarf (je 1 m² Umschließungsfläche)	heat required (per square metre of wall and window area)	quantité de chaleur nécessaire (par m² de surface extérieure totale)	77
Q_b	$\dfrac{1000\ \text{kcal}}{\text{h}}$	Wärmebedarf	heat requirement	quantité de chaleur requise	277
w_F	$\dfrac{\text{kcal}}{\text{m}^2}$	Wärmeaufwand (je 1 m² Umschließungsfläche)	heat expenditure (per square metre of wall and window area)	dépense de chaleur (par m² de surface extérieure totale)	355
W_b	1000 kcal	Wärmeaufwand für einmaliges Hochheizen	heat expenditure for single heating-up	calories à dépenser pour une mise en marche	1280
		für:	for:	pour:	
t_L	°C	Raumtemperatur	room temperature	température du local	+ 12
t_a	°C	Außentemperatur	outdoor temperature	température extérieure	— 15

Gröber-Sieler, Wärmebedarfsbestimmung von Kirchen. München 1935.

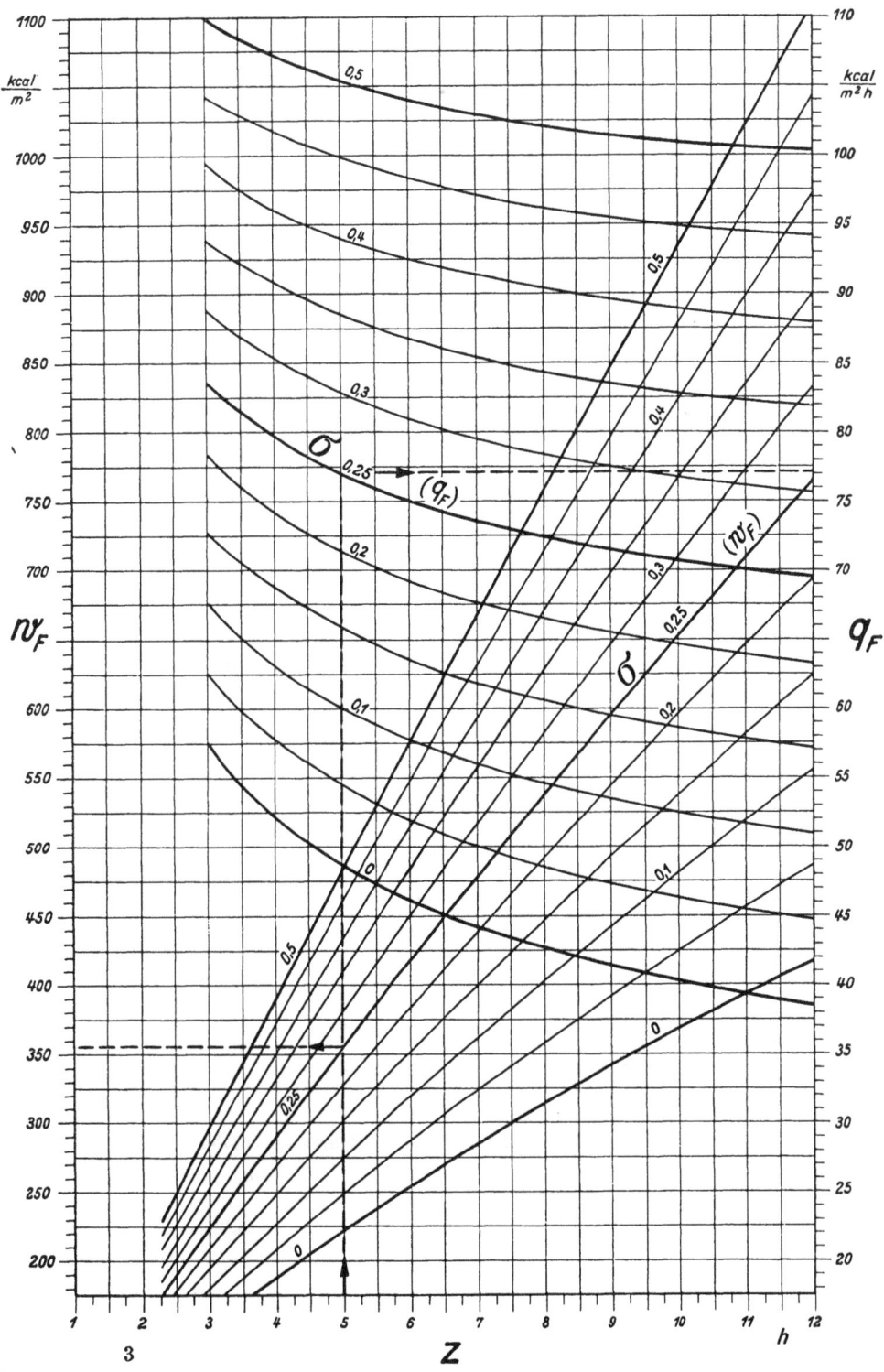

10

Kesselheizfläche.
Boiler Heating Surface.
Surface de chauffe de la chaudière.

		German	English	French	
Q_b	$\dfrac{1000\ \text{kcal}}{\text{h}}$	Wärmebedarf des Gebäudes	heat requirements of the building	quantité de chaleur requise par le bâtiment	130
q_k	$\%$	Zuschlag für Wärmeverluste	allowance for heat losses	majoration pour pertes de chaleur	10
	$\dfrac{\text{kcal}}{\text{m}^2\,\text{h}}$	Heizflächen-belastung	loading of heating surface	taux d'émission de la surface de chauffe	8000
		Kesselart	boiler type	type de chau-dière	mZ—W
		Brennstoffart	kind of fuel	nature du combus-tible	KK
F_k	m^2	Kesselheizfläche	boiler heating sur-face	surface de chauffe de la chaudière	17,8

Zuschlag für Wärmeverluste. — Allowance for Heat Losses. — Majoration pour pertes de chaleur.

	German	English	French
5%	geschützte Rohr-leitung	fully-protected pipe line	tuyauterie protégée
10%	weniger geschützte Rohrleitung	less-protected pipe line	tuyauterie médio-crement protégée
15%	besonders ungün-stig liegende Rohrleitung	pipe line with spe-cially unfavour-able conditions	tuyauterie placée dans une situation particu-lièrement défavorable

Kesselarten (Glieder- und schmiedeeiserne Kessel). — Types of Boilers (Sectional and wrought iron boilers). — Types de chaudières (chaudières fonte en sections et chaudières en tôle).

	German	English	French
oZ	ohne Züge	without flues	sans carneaux inté-rieurs
mZ	mit Züge	with flues	avec carneaux inté-rieurs
W	Warmwasser-Kessel	hot water boiler	chaudière à eau chaude
D	Niederdruckdampf-Kessel	low pressure steam boiler	chaudière à vapeur à basse pression

Brennstoffarten. — Kinds of Fuel. — Genres de combustible.

	German	English	French
KK	Koks oder Kohle	coke or coal	coke ou houille
BB	Braunkohle oder Braunkohlen-briketts	lignite or lignite briquette	lignite ou briquettes de lignite

DIN 4701. — Recknagel.

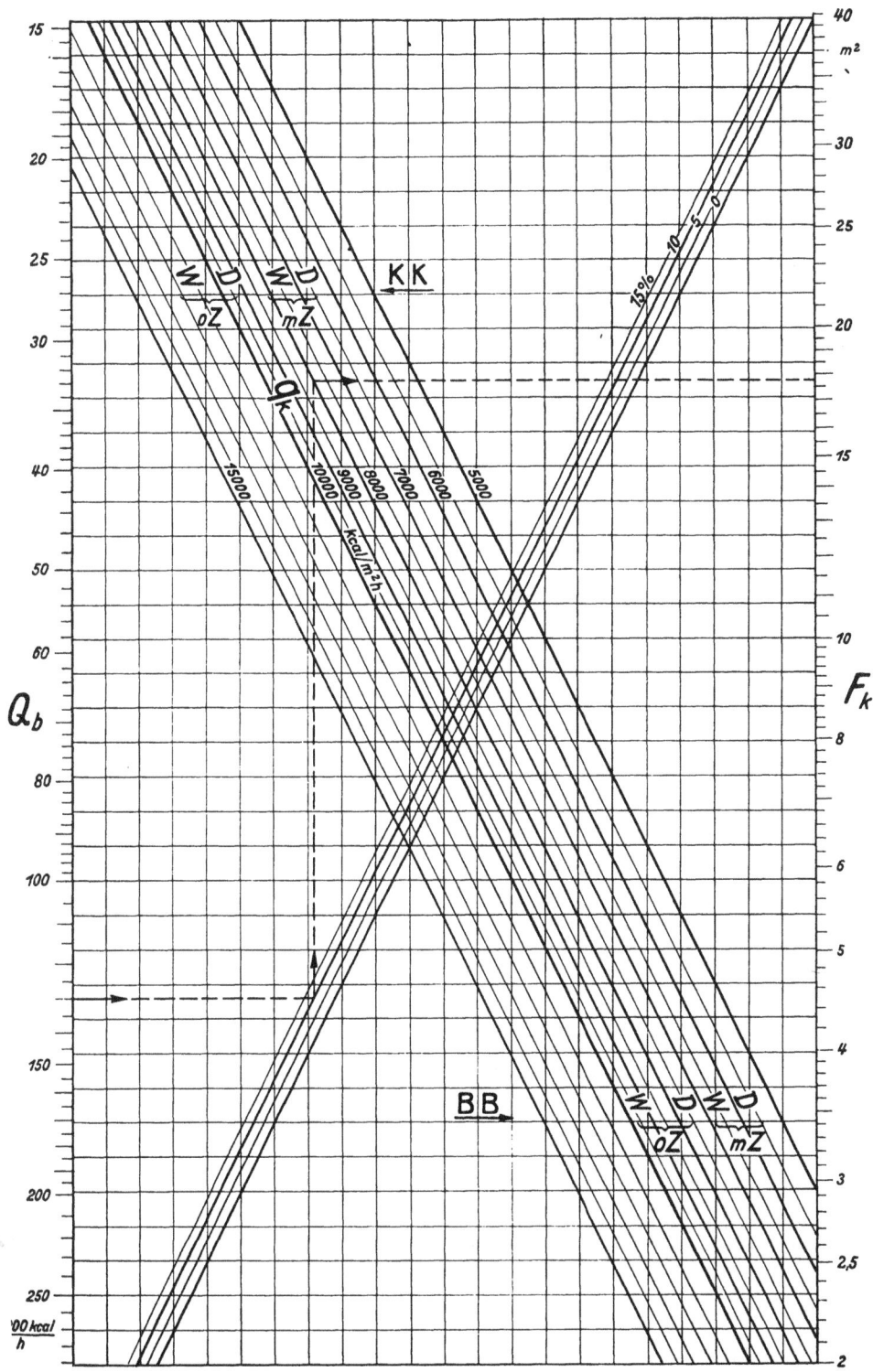

11

Ausdehnungsgefäß.
Expansion Tank.
Vase d'expansion.

t_{max}	°C	höchste Betriebs-temperatur (der Warmwasser-heizung)	maximum operating temperature (of hot water system)	température maximum de fonctionnement (de chauffage à eau chaude)	95
V_g	l	Wasserinhalt der gesamten Heizanlage	water content of whole heating installation	contenance totale en eau de l'installation	340
V_z	l	größte Wärmedehnung des Wasserinhalts	maximum thermal expansion of water content	dilatation maximum de l'eau contenue dans l'installation	13,5
V_A	l	notwendiger Rauminhalt des Ausdehnungsgefäßes	requisite capacity of expansion tank	capacité nécessaire pour le vase d'expansion	27,0

$$V_z = \frac{v_{max} - 1}{1} \cdot V_g$$

$$V_A = 2 \cdot V_z$$

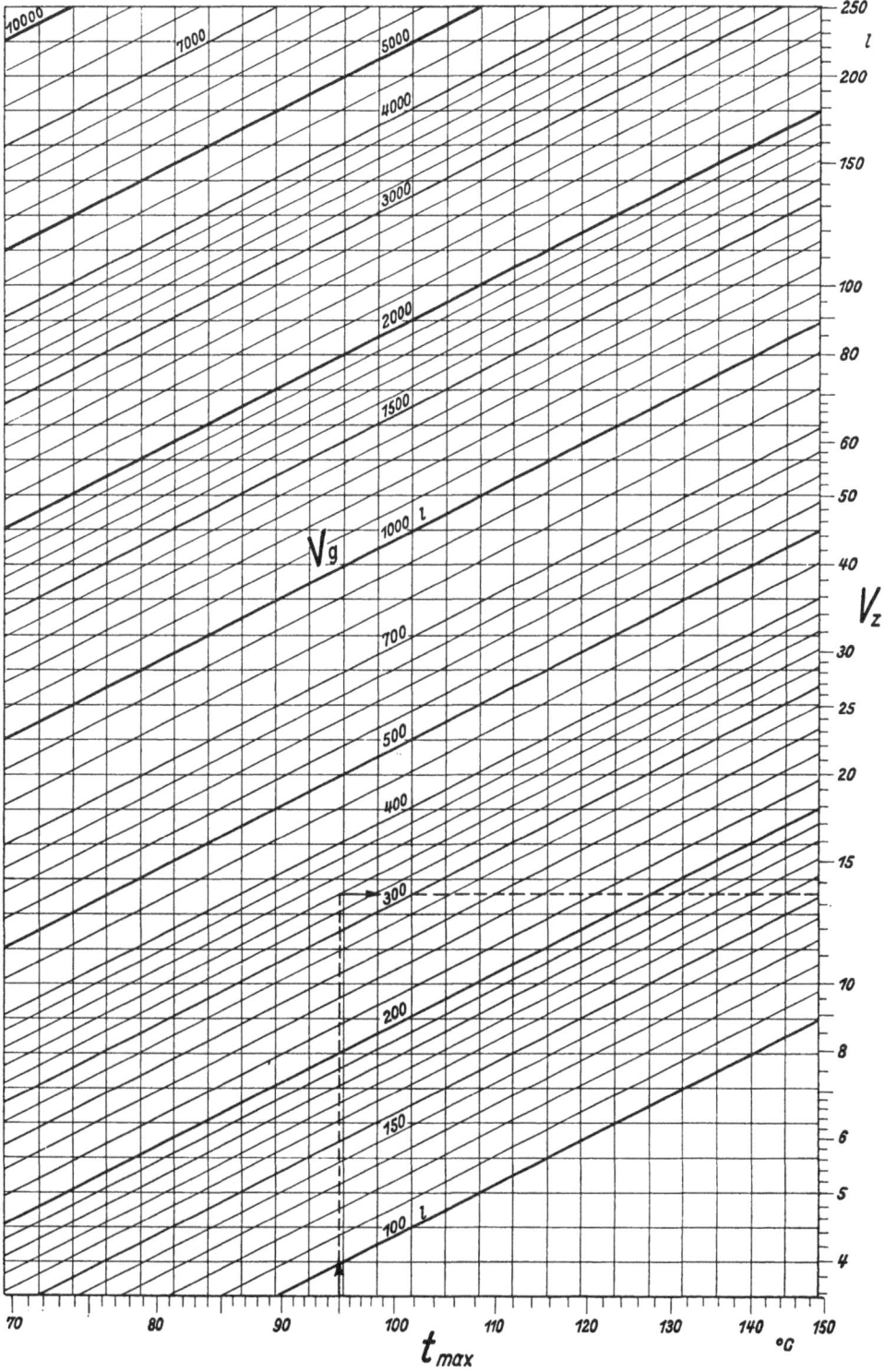

12

Sicherheitsleitungen.
Safety Pipes.
Conduites de sûreté.

W Warmwasserheizung (Sicherheitsleitungen). — Hot Water Heating (Safety Pipes). — Chauffage à eau chaude (conduites de sûreté).

		Ausführungsart	method of construction	genre d'exécution	WA
		Leitungsart	nature of pipe line	genre de conduite	1
F_k	m²	Kesselheizfläche	boiler heating surface	surface de chauffe de la chaudière	42,5
d_i'	mm	Innendurchmesser (gerechnet)	inside diameter (calculated)	diamètre intérieur (calculé)	56,7
d_i	mm	Innendurchmesser (ausgeführt)	inside diameter (actual)	diamètre intérieur (réel)	57,5
d_n	mm	Nenndurchmesser	nominal diameter	diamètre nominal	57

D Niederdruck-Dampfheizung (Standrohre). — Low Pressure Steam Heating (Stand Pipes). — Chauffage à vapeur à basse pression (colonnes de sûreté).

F_k	m²	Kesselheizfläche	boiler heating surface	surface de chauffe de la chaudière	10,4
d_i'	mm	Innendurchmesser (gerechnet)	inside diameter (calculated)	diamètre intérieur (calculé)	68,0
d_i	mm	Innendurchmesser (ausgeführt)	inside diameter (actual)	diamètre intérieur (réel)	70,0
d_n	mm	Nenndurchmesser	nominal diameter	diamètre nominal	70

Ausführungsarten. — Methods of Construction. — Genres d'exécution.

WA	eine Leitung, die am Ausdehnungsgefäß unten mündet	one pipe line, to bottom of expansion tank	une conduite aboutissant au bas du vase d'expansion
WB	zwei Leitungen (Ausdehnung und Rücklauf)	two pipe lines (expansion and return)	deux conduites (expansion et retour)

Leitungsarten. — Nature of Pipe Lines. — Genres de conduites.

1	Sicherheits-Ausdehnungsleitungen	safety expansion lines	conduites d'expansion et de sûreté
2	Umgehungs- und Ausblaseleitungen	by-pass and blow-off lines	conduites de by-pass et de purge
3	Sicherheits-Rücklaufleitungen	safety return lines	tuyauteries de retour de sûreté

Preußische Ministerialvorschriften von 1925.

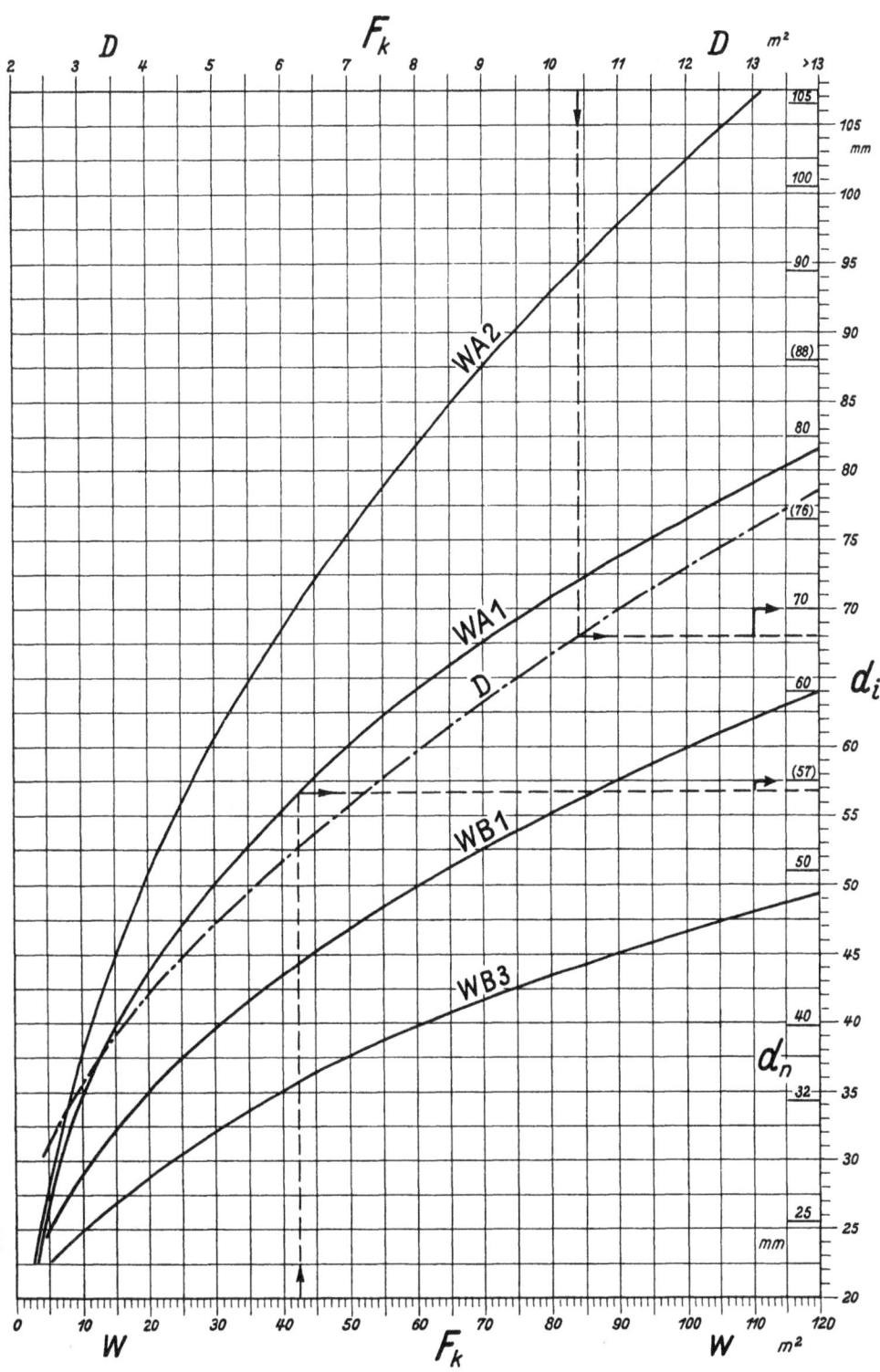

13

Schornstein-Zugstärke.
Chimney Draught.
Tirage de la cheminée.

h_{sch}	m	Schornsteinhöhe	height of chimney	hauteur de la cheminée	27,0
t_R	°C	Temperatur der Rauchgase	temperature of flue gases	température des fumées	120
P_{sch_0}	mm H_2O	Schornstein-Zugstärke (für 0° C Außentemperatur)	chimney draught (with outdoor temperature 0° C)	tirage de la cheminée (pour température extérieure de 0° C)	10,1
t_a	°C	Außentemperatur	outdoor temperature	température extérieure	$+$ 10
P_{sch_a}	mm H_2O	Zugstärkenänderung (für andere Außentemperaturen)	variation of draught (for other outdoor temperatures)	variation de tirage (pour les autres valeurs de la température extérieure)	1,25
P_{sch}	mm H_2O	Schornstein-Zugstärke	chimney draught	tirage de la cheminée	8,85

$$P_{sch} = h_{sch}\left[\gamma_{L_0}\frac{273}{t_a + 273} - \gamma_{R_0}\frac{273}{t_R + 273}\right]$$

$$P_{sch} = P_{sch_0} - P_{sch_a}$$

		für:	for:	pour:	
γ_{L_0}	$\dfrac{kg}{Nm^3}$	spezifisches Gewicht der Luft (für 0° C und 760 mm Hg)	density of air (at 0° C and 760 mm Hg)	poids spécifique de l'air (ramené à 0° C et 760 mm Hg)	1,293
γ_{R_0}	$\dfrac{kg}{Nm^3}$	spezifisches Gewicht der Rauchgase (für 0° C und 760 mm Hg)	density of flue gases (at 0° C and 760 mm Hg)	poids spécifique des fumées (ramené à 0° C et 760 mm Hg)	1,329

Gumz W., Feuerungstechnisches Rechnen. Leipzig 1931.

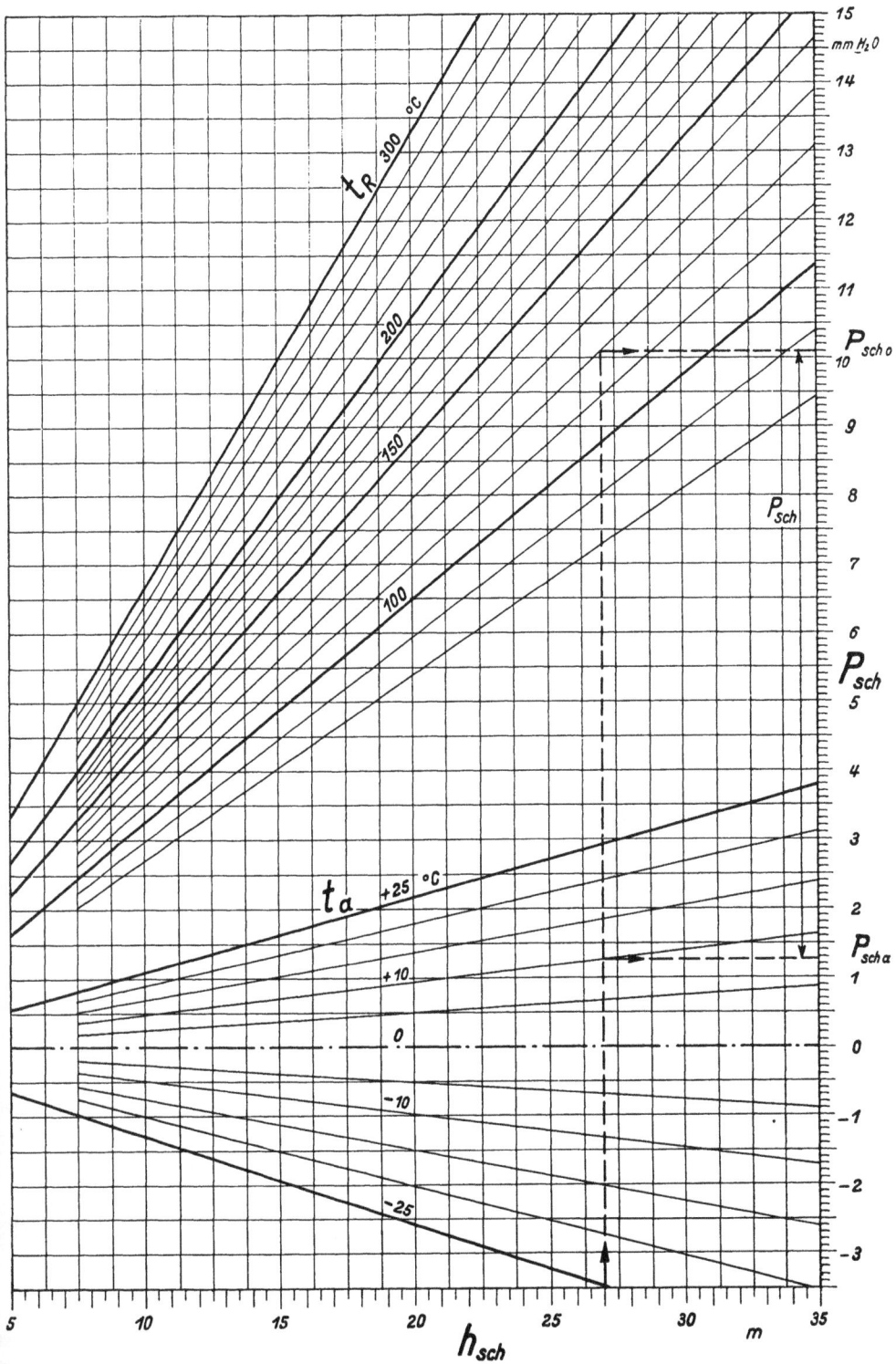

14

Schornstein-Querschnitt.
Chimney Area.
Section de la cheminée.

H_u	$\dfrac{kcal}{kg}$	unterer Heizwert (nur feste Brennstoffe)	net calorific value (solid fuels only)	pouvoir calorifique inférieur (combustibles solides seulement)	7000
n		Luftüberschußzahl	excess air ratio	coefficient d'excès d'air	2,0
V_{R_0}	$\dfrac{Nm^3}{kg}$	Rauminhalt der Rauchgase (für 0° C und 760 mm Hg)	specific volume of flue gases (at 0° C and 760 mm Hg)	volume spécifique des fumées (ramené à 0° C et 760 mm Hg)	15,5
t_R	°C	Temperatur der Rauchgase	temperature of flue gases	température des fumées	120
F_{sch}	cm²	Schornsteinquerschnitt	chimney area	section de la cheminée	600
M_B	$\dfrac{kg}{h}$	stündliche Brennstoffmenge	quantity of fuel per hour	quantité de combustible par heure	20,0
w_R	$\dfrac{m}{s}$	Rauchgasgeschwindigkeit	velocity of flue gases	vitesse des fumées	2,05

$$w_R = \frac{10000}{3600} \cdot \frac{M_B}{F_{sch}} \cdot \frac{273 + t_R}{273} \cdot V_{R_0}$$

Rosin-Fehling, It-Diagramm der Verbrennung. Berlin 1929.

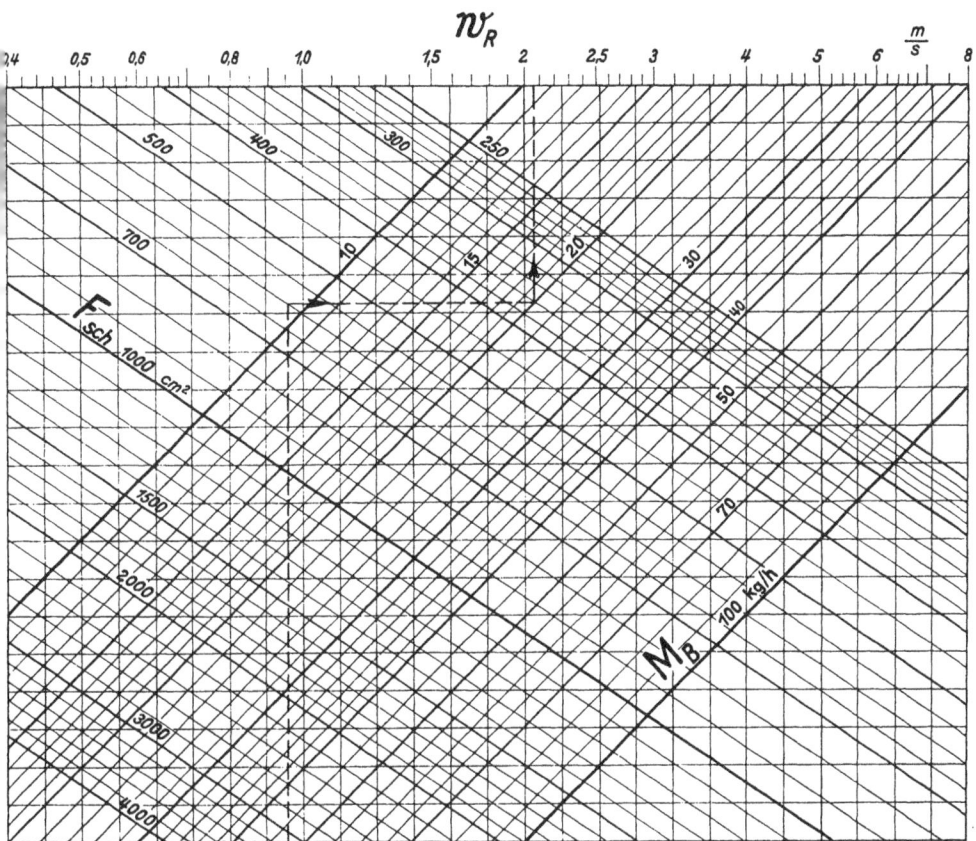

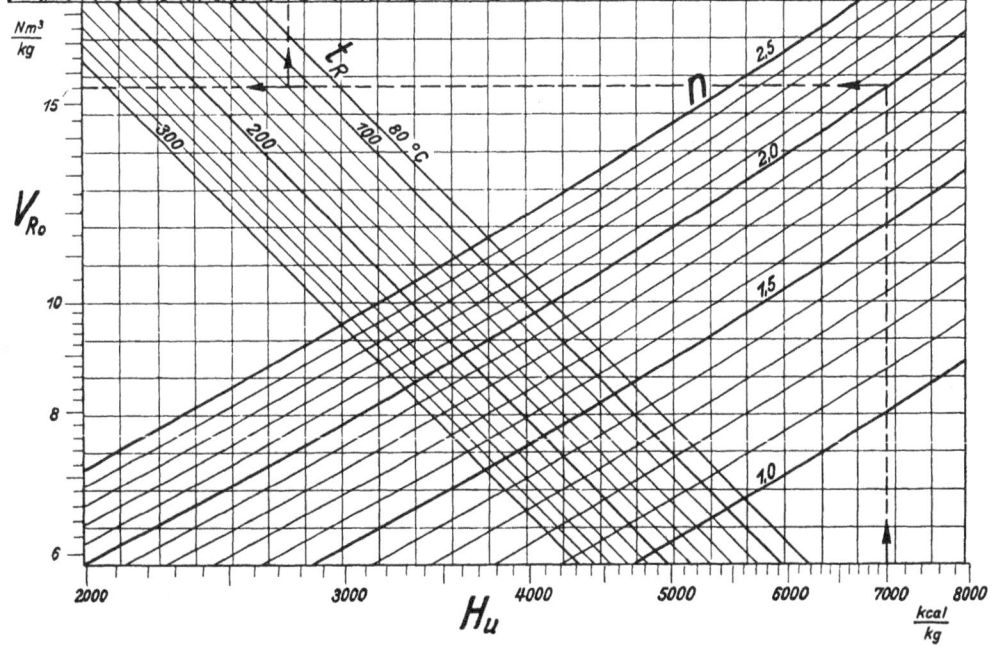

Zugverluste im Schornstein.
Loss of Draught in Chimney.
Pertes de tirage dans la cheminée.

I. Geschwindigkeitsverlust. — Loss due to Velocity. — Perte de charge cinétique.

①

w_R	$\dfrac{m}{s}$	Rauchgasgeschwindigkeit	velocity of flue gases	vitesse des fumées	2,05
t_R	°C	Temperatur der Rauchgase	temperature of flue gases	température des fumées	120
Z_w	mm H_2O	Geschwindigkeitsverlust	loss due to velocity	perte de charge cinétique	0,2

$$Z_w = \frac{w^2}{2\,g} \cdot \gamma_{R_0} \cdot \frac{273}{t_R + 273}$$

II. Reibungsverlust. — Loss due to Friction. — Perte de charge par frottement.

②

w_R	$\dfrac{m}{s}$	Rauchgasgeschwindigkeit	velocity of flue gases	vitesse des fumées	2,05
F_{sch}	cm²	Schornsteinquerschnitt	chimney area	section de la cheminée	600
t_R	°C	Temperatur der Rauchgase	temperature of flue gases	température des fumées	120
z_r	$\dfrac{mm\ H_2O}{m}$	Reibungsverlust (je 1 m Schornsteinhöhe)	loss due to friction (per metre of chimney height)	perte par frottement (par m de hauteur de cheminée)	0,038
h_{sch}	m	Schornsteinhöhe	chimney height	hauteur de la cheminée	27,0
Z_r	mm H_2O	Reibungsverlust (im Schornstein)	loss due to friction	perte par frottement	1,03
Z_f	mm H_2O	Mittelwert des Reibungsverlustes (im Fuchs)	mean value of loss due to friction (in flue)	valeur moyenne de la perte par frottement (dans le carnean)	1,0
Z_{ges}	mm H_2O	gesamter Zugverlust	total loss of draught	perte de charge totale	2,23
P_{res}	mm H_2O	wirksame Zugstärke	effective chimney draught	tirage efficace de la cheminée	6,57

$$Z_r = h_{sch} \cdot z_r$$
$$Z_{ges} = Z_w + Z_r + Z_f$$
$$P_{res} = P_{sch} - Z_{ges}$$

Noelpp, Schornstein-Berechnung und Schornstein-Ausführung. Gesundh.-Ing. Bd. 57 (1934), S. 587.

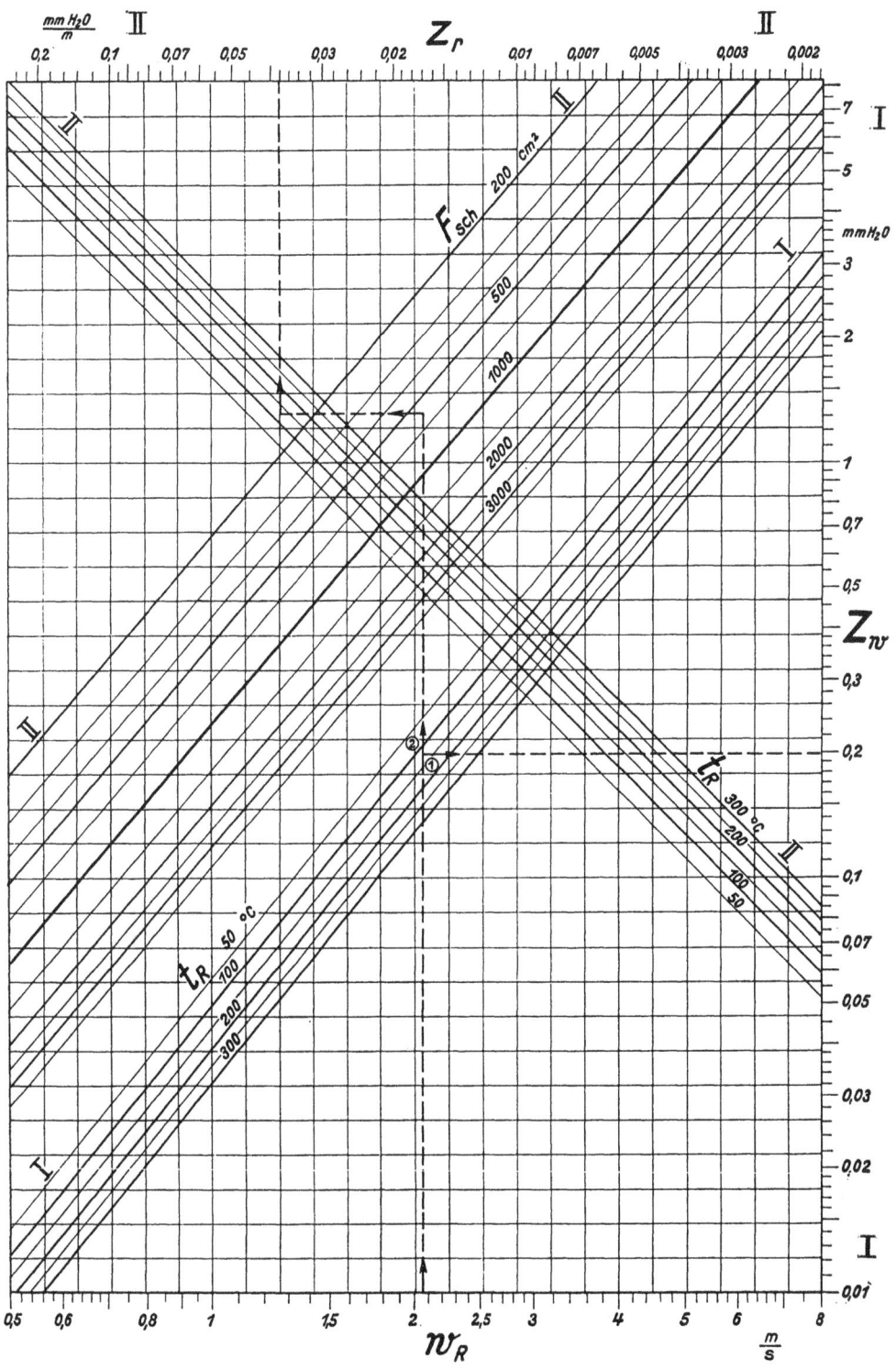

Rohrabmessungen.
Pipe Dimensions.
Dimensions des tuyaux.

d_n	mm	Nenndurchmesser	nominal diameter	diamètre nominal	100
d_i	mm	Innendurchmesser	inside diameter	diamètre intérieur	100,5
δ	mm	Wandstärke	wall thickness	epaisseur de paroi	3,75
d_a	mm	Außendurchmesser	outside diameter	diamètre extérieur	108,0
F_i	cm²	lichter Querschnitt	inside cross-sectional area	section intérieure nette	79,0
V_i	$\dfrac{1}{m}$	Rauminhalt (je 1 m Rohrlänge)	capacity (per metre-run of pipe)	contenance (par m de tuyau)	7,9
F_E	cm²	Eisenquerschnitt	cross-sectional area of iron	section de fer (du tuyau)	12,3
G_E	$\dfrac{kg}{m}$	Eisengewicht (je 1 m Rohrlänge)	weight of iron (per metre-run of pipe)	poids de fer (par m de tuyau)	9,8

$$\boxed{\begin{array}{c} d_a = d_i + 2\,\delta \\[2mm] \hline \\ F_i = \left(\dfrac{d_i}{10}\right)^2 \cdot \dfrac{\pi}{4} \\[2mm] \hline \\ V_i = \left(\dfrac{d_i}{10}\right)^2 \cdot \dfrac{\pi}{40} \end{array}}$$

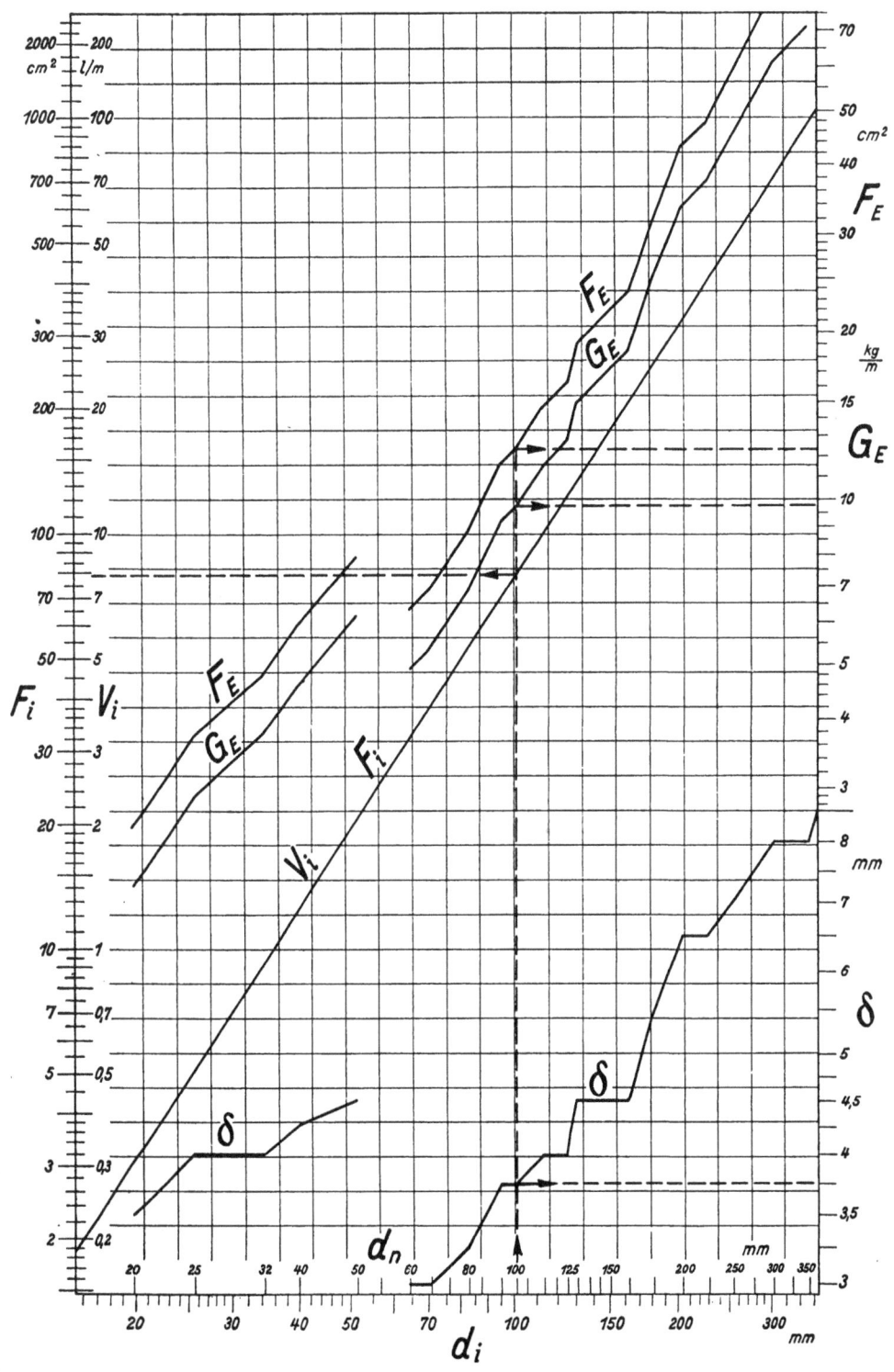

Rohroberfläche (mit und ohne Wärmeschutz).
Pipe Surface (with and without Lagging).
Surface des tuyaux (avec et sans calorifuge).

d_n	mm	Nenndurchmesser	nominal diameter	diamètre nominal	100
d_i	mm	Innendurchmesser	inside diameter	diamètre intérieur	100,5
$\delta_{,l}$	mm	Stärke des Wärme-schutzes	thickness of insula-tion	épaisseur du revête-ment calorifuge	40,0
$F_{,l}$	$\dfrac{m^2}{m}$	Rohroberfläche (je 1 m Rohrlänge)	pipe surface (per metre run of pipe)	surface du tuyau (par m de lon-gueur)	0,59

Recknagel.

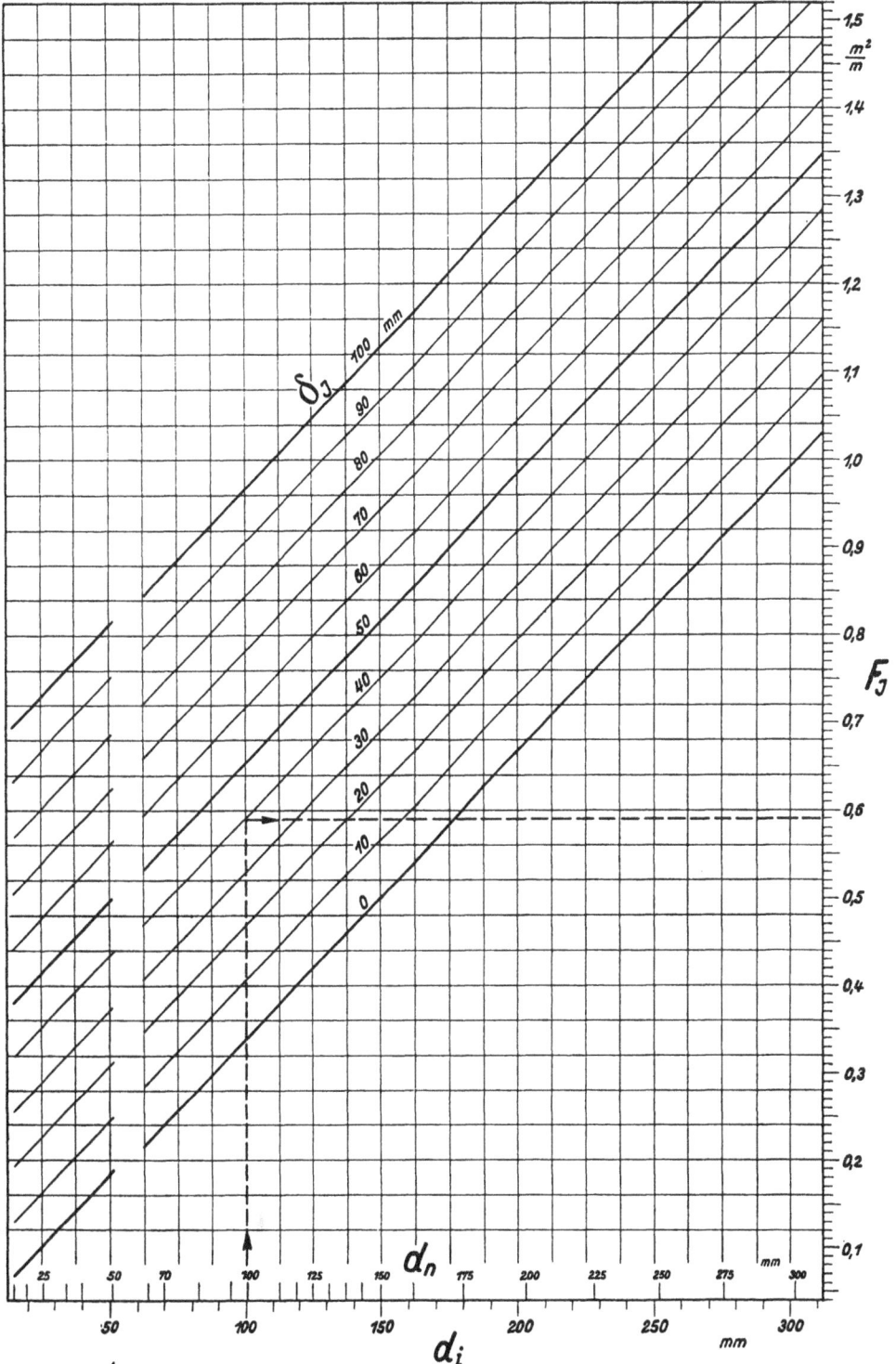

4

Wärmeinhalt und Strömungsgeschwindigkeit.
Heat Content and Velocity of Flow.
Quantité de chaleur et vitesse de circulation.

I. Warmwasser. — Hot Water. — Eau chaude.

d_n	mm	Nenndurchmesser	nominal diameter	diamètre nominal	80
d_i	mm	Innendurchmesser	inside diameter	diamètre intérieur	82,5
w_W	$\dfrac{m}{s}$	Strömungs-geschwindigkeit des Wassers	velocity of flow of water	vitesse de circu-lation	0,10
t_W	°C	Wassertemperatur	temperature of water	température de l'eau	90,0
J_W	$\dfrac{1000\ \text{kcal}}{h}$	stündlicher Wärme-inhalt des strö-menden Wassers	heat content of wa-ter flow per hour	quantité de chaleur horaire dans l'eau de circulation	167

$$J_W = 3600 \cdot w_W \cdot \frac{\pi \cdot d_i{}^2}{4} \cdot i_W \cdot \gamma_W$$

II. Niederdruckdampf. — Low Pressure Steam. — Vapeur à basse pression.

d_n	mm	Nenndurchmesser	nominal diameter	diamètre nominal	50
d_i	mm	Innendurchmesser	inside diameter	diamètre intérieur	51,0
w_D	$\dfrac{m}{s}$	Strömungs-geschwindigkeit des Dampfes	velocity of flow of steam	vitesse d'écoule-ment de la vapeur	15
p_D	ata	Dampfdruck	steam pressure	pression de la va-peur	1,4
J_D	$\dfrac{1000\ \text{kcal}}{h}$	stündlicher Wärme-inhalt des strö-menden Dampfes	heat content of steam flow per hour	quantité de chaleur horaire emportée par la vapeur	56

$$J_D = 3600 \cdot w_D \cdot \frac{\pi \cdot d_i{}^2}{4} \cdot i_D \cdot \gamma_D$$

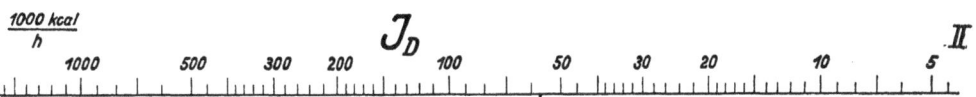

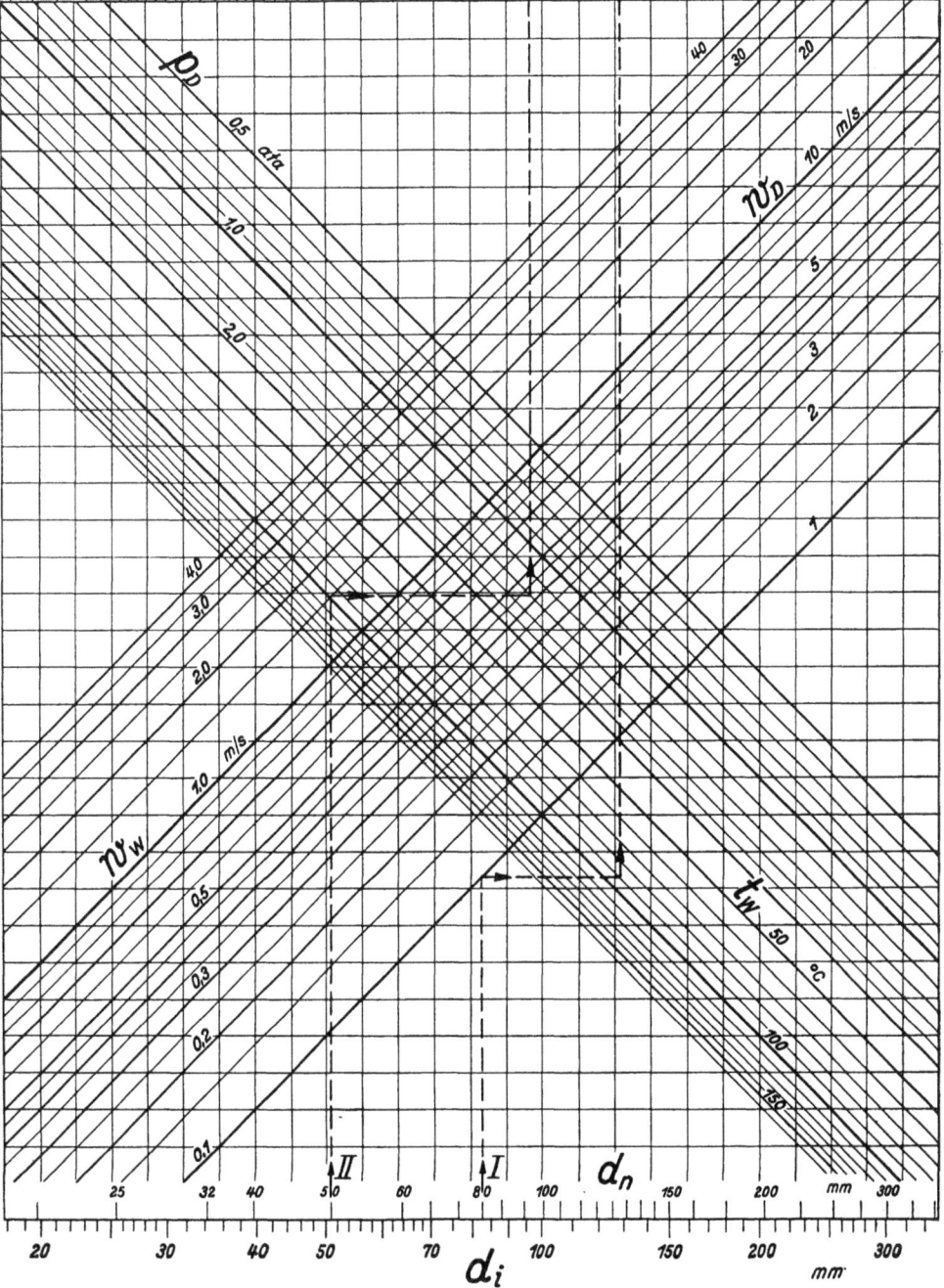

4*

19

Wirksamer Druckunterschied (in Schwerkraftheizungen).
Effective Pressure Difference (in Gravity-Hot Water Systems).
Différence de pression efficace (dans les chauffages à eau chaude par gravité).

					①	②
t_{W_u}	^{0}C	Wassertemperatur im Fallstrang	temperature of water in fall pipe	température de l'eau dans la colonne de retour	70	75
t_{W_o}	^{0}C	Wassertemperatur im Steigstrang	temperature of water in rising pipe	température de l'eau dans la colonne montante	90	95
$\varDelta P$	$\dfrac{\text{mm H}_2\text{O}}{\text{m}}$	wirksamer Druckunterschied	effective difference of pressure	différence de pression efficace	12,5	13,0

Rietschel.

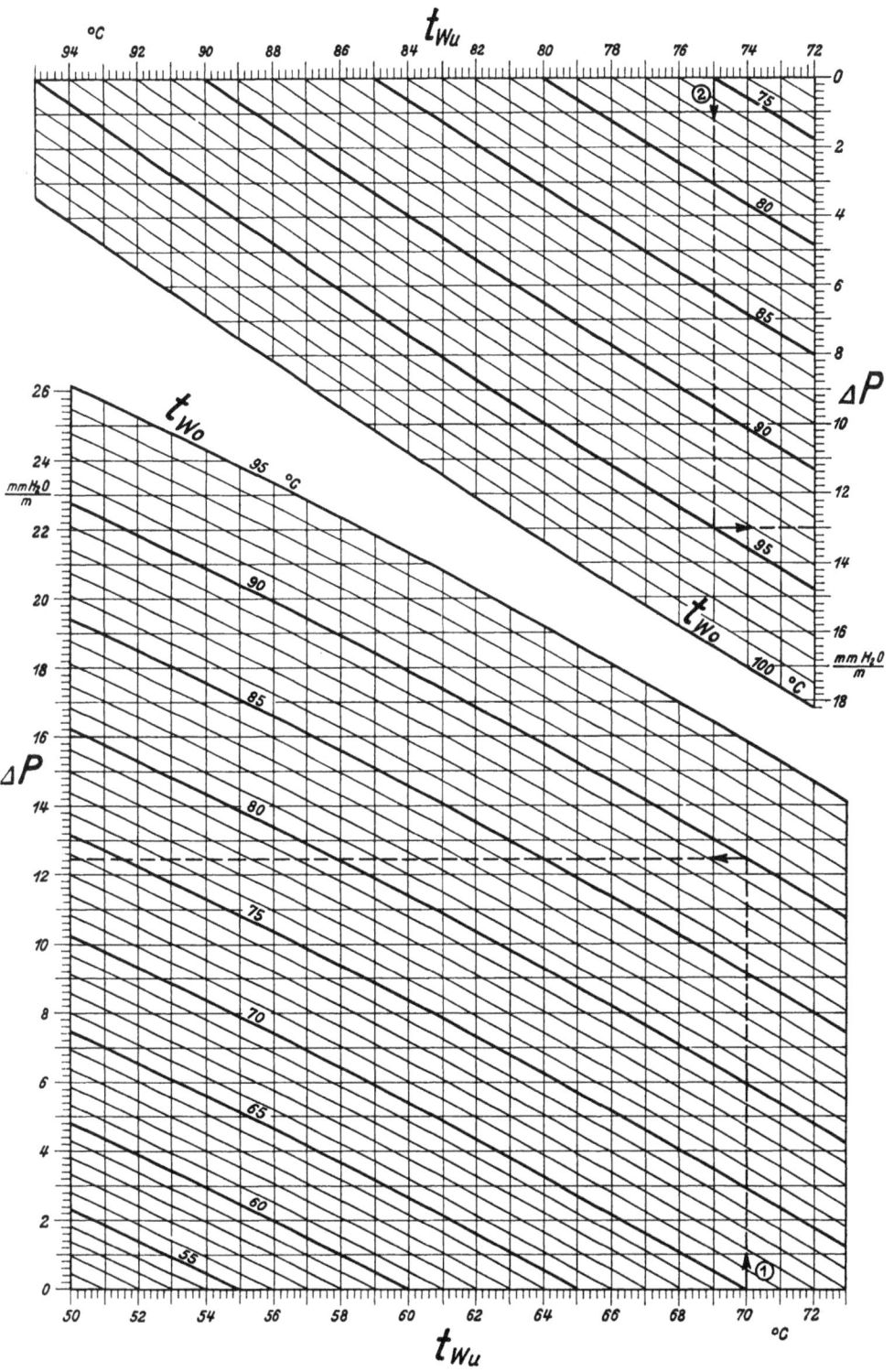

20

Wärmeverlust isolierter Rohrleitungen.
Loss of Heat from Insulated Pipe Lines.
Pertes thermiques des tuyauteries calorifugées.

						①	②
λ	$\dfrac{\text{kcal}}{\text{m h °C}}$	Wärmeleitzahl	thermal conductivity	coefficient de conductibilité thermique	0,12	0,055
d_n	mm	Nenndurchmesser	nominal diameter	diamètre nominal	100	40
δ_J	mm	Stärke der Isolierung	thickness of insulation	épaisseur du revêtement calorifuge	50	40
q_J	$\dfrac{\text{kcal}}{\text{m h °C}}$	Wärmeverlust (je 1 m Rohrlänge)	heat loss (per metre-run of pipe)	déperdition de chaleur (par m de tuyau)	0,895	0,30

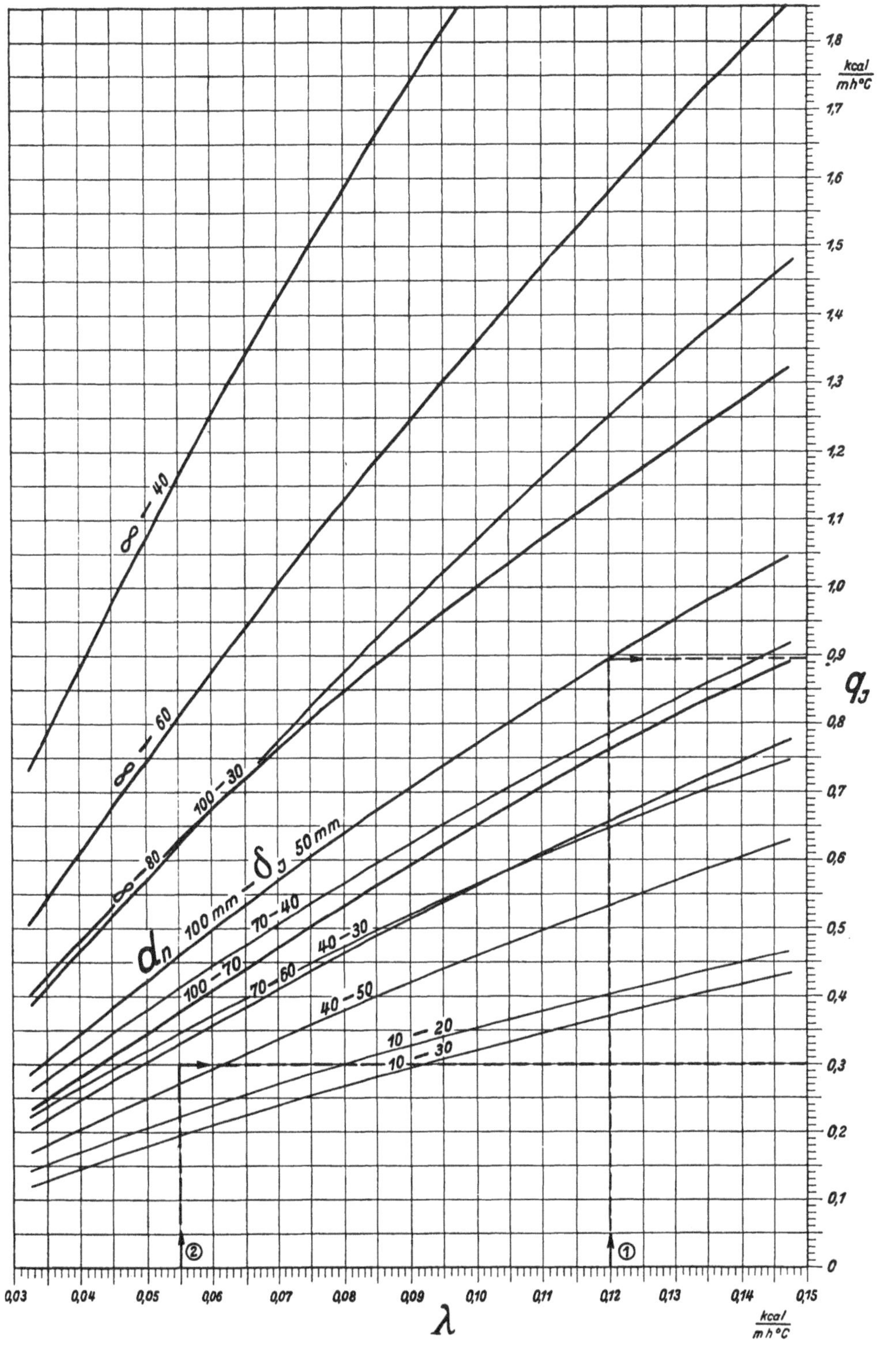
∞ — 40
∞ — 60
∞ — 80
100 — 30
d_n 100 mm — δ_J 50 mm
70 — 40
100 — 70
70 — 60
40 — 30
40 — 50
10 — 20
10 — 30
q_J
kcal/mh°C
λ
kcal/mh°C
①
②
0
0,1
0,2
0,3
0,4
0,5
0,6
0,7
0,8
0,9
1,0
1,1
1,2
1,3
1,4
1,5
1,6
1,7
1,8
0,03
0,04
0,05
0,06
0,07
0,08
0,09
0,10
0,11
0,12
0,13
0,14
0,15

21

Abkühlung durch Wärmeverluste.
Temperature Drop by Heat Losses.
Refroidissement par pertes de chaleur.

q_J	$\dfrac{kcal}{m\,h\,°C}$	Wärmeverlust (je 1 m Rohrlänge)	heat loss (per metre run of pipe)	déperdition de chaleur (par m de conduite)	0,3
l	m	Länge der Rohrleitung	length of pipe line	longueur de la tuyauterie	4,5
M_W	$\dfrac{l}{h}$	stündliche Wassermenge	quantity of water per hour	quantité d'eau par heure	350
t_{W_E}	°C	Eintrittstemperatur des Wassers	inlet temperature of water	température d'entrée de l'eau	88
t_L	°C	Temperatur der umgebenden Luft	room temperature	température du local	35
$t_{W_E}-t_{W_A}$	°C	Abkühlung des Wassers (beim Durchfließen der Rohrleitung)	temperature drop of water in pipes	refroidissement de l'eau au passage dans la conduite	0,2
t_{W_A}	°C	Austrittstemperatur des Wassers	outlet temperature of water	température de sortie de l'eau	87,8

$$t_{W_E} - t_{W_A} = \frac{q_J \cdot l \cdot (t_{W_E} - t_L)}{M_W}$$

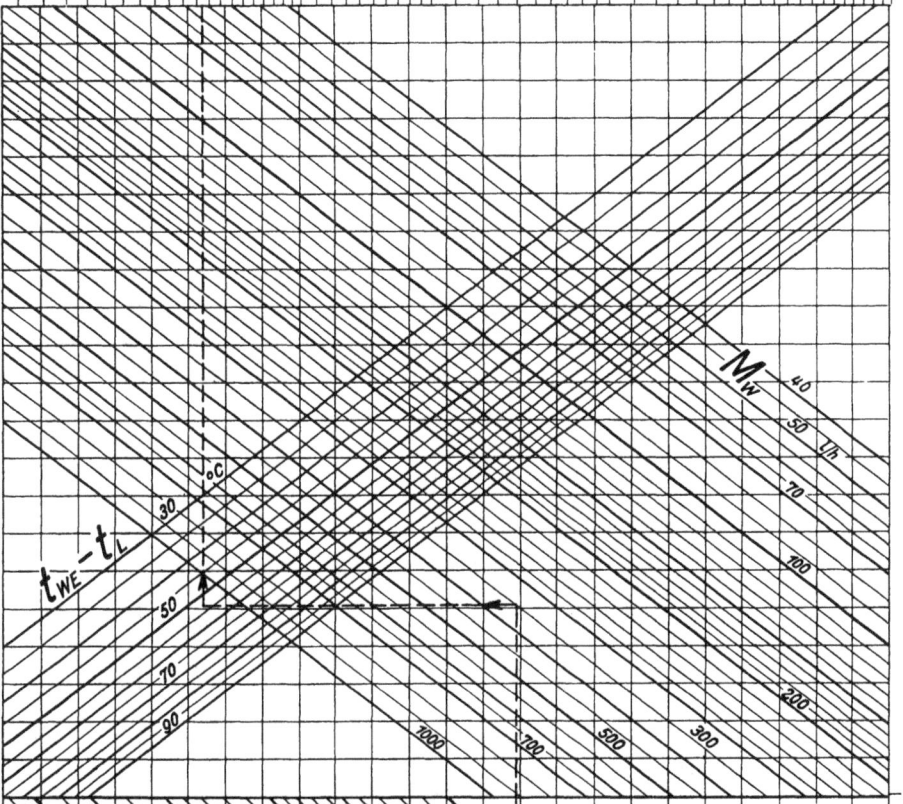

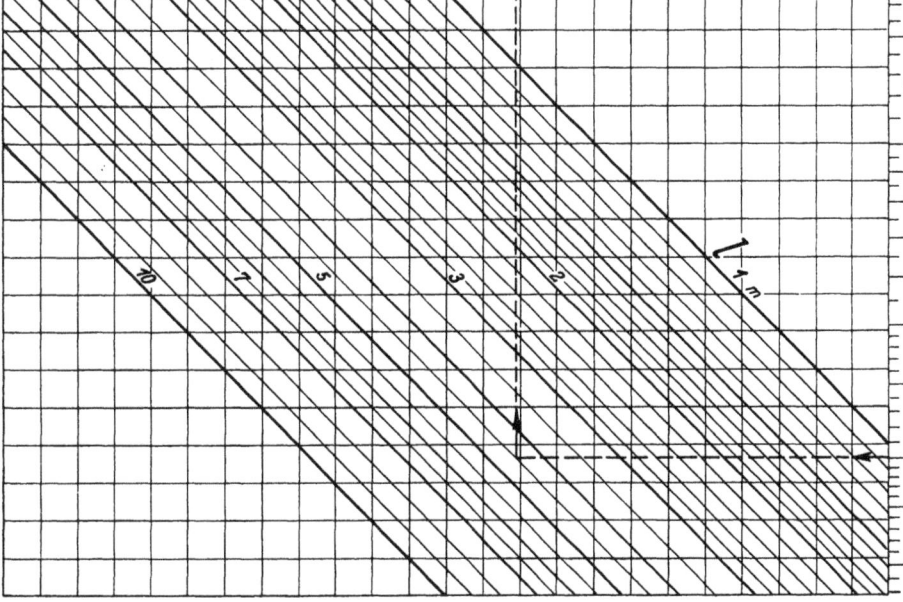

22

Wärmeleistung von Schwerkraft-Warmwasserheizungen (für 20⁰ C Temperaturgefälle).
Heat Output of Gravity-Hot Water Systems (for 20⁰ C Temperature Drop).
Pouvoir de chauffe des installations de chauffage à eau chaude par gravité (pour
une chute de température de 20⁰ C).

①

		verfügbares Druck-gefälle (je 1 m Rohrlänge)	available pressure drop (per metre run of pipe)	chute de pression disponible (par m de conduite)	0,6
p_l	$\dfrac{\text{mm H}_2\text{O}}{\text{m}}$				
Q_h	$\dfrac{\text{kcal}}{\text{h}}$	notwendigeWärme-leistung	requisite heat out-put	quantité de chaleur nécessaire	18000
d_i	mm	Innendurchmesser (berechnet)	internal diameter (calculated)	diamètre intérieur (calculé)	48,5

②

d_n	mm	Nenndurchmesser	nominal diameter	diamètre nominal	50
d_i'	mm	Innendurchmesser (ausgeführt)	internal diameter (actual)	diamètre intérieur (réel)	51,0
p_l	$\dfrac{\text{mm H}_2\text{O}}{\text{m}}$	verbrauchtes Druckgefälle (je 1 m Rohrlänge)	pressure drop utili-sed (per metre run of pipe)	chute de pression utilisée (par m de conduite)	0,47

Rietschel.

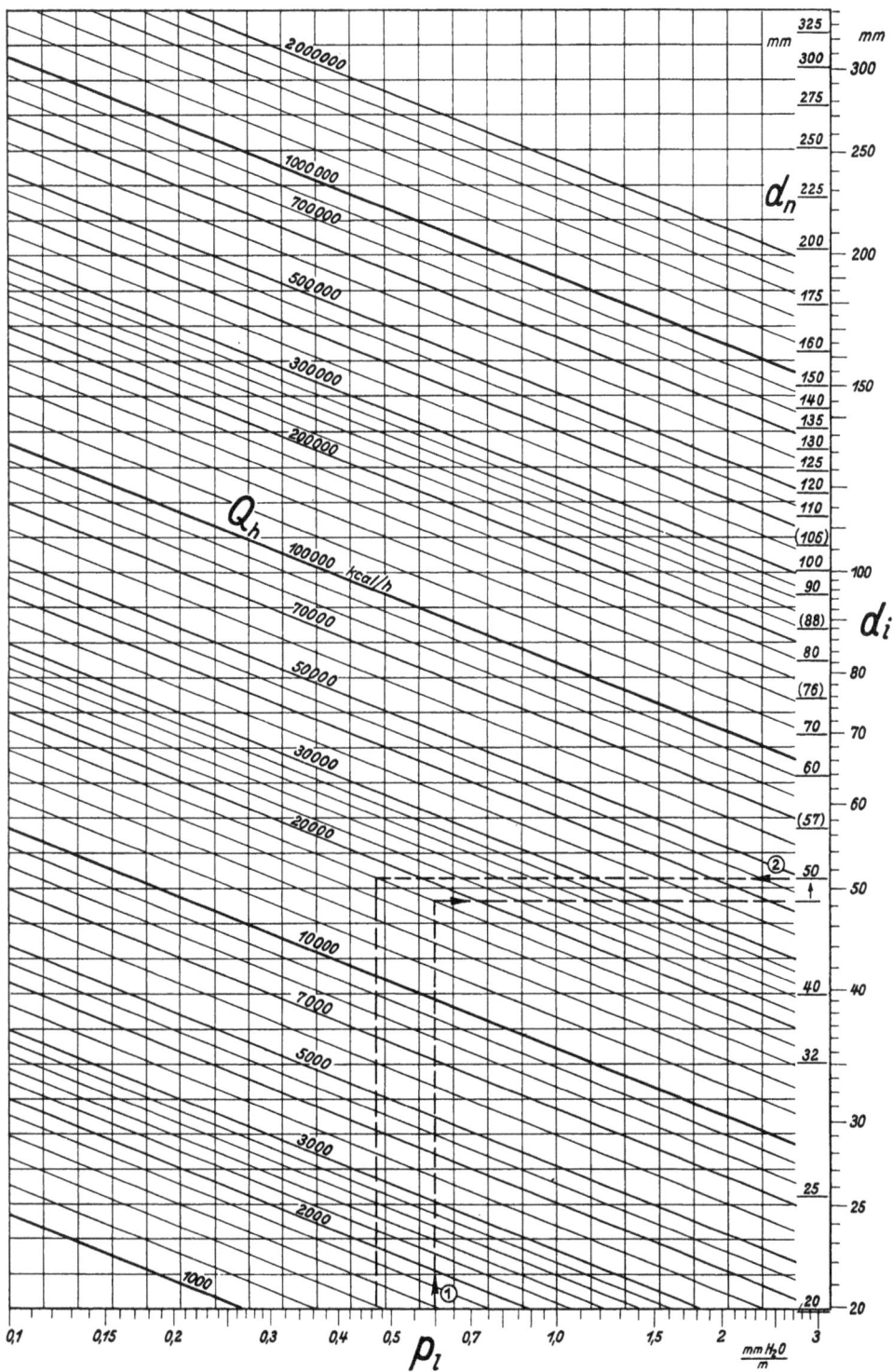

Umrechnung der Wärmeleistung (für beliebiges Temperaturgefälle).
Conversion of Heat Output (for Given Temperature Drop).
Détermination du pouvoir de chauffe (pour des différences de température quelconques).

$t_v - t_r$	°C	Temperaturgefälle (zwischen Vor- und Rücklauf)	temperature difference between water in flow and in return	différence de température entre les canalisations d'amenée et de retour	12,0
Q_t	$\dfrac{\text{kcal}}{\text{h}}$	Wärmeleistung (bei beliebigem Temperaturgefälle)	heat output (for given temperature drop)	quantité de chaleur émise (pour une chute de température quelconque)	5500
Q_h	$\dfrac{\text{kcal}}{\text{h}}$	Wärmeleistung (bezogen auf 20° Temperaturgefälle)	heat output (referred to 20° C temperature drop)	quantité de chaleur émise (pour une chute de température de 20° C)	9200

$$Q_h = Q_t \cdot \frac{20}{t_v - t_r}$$

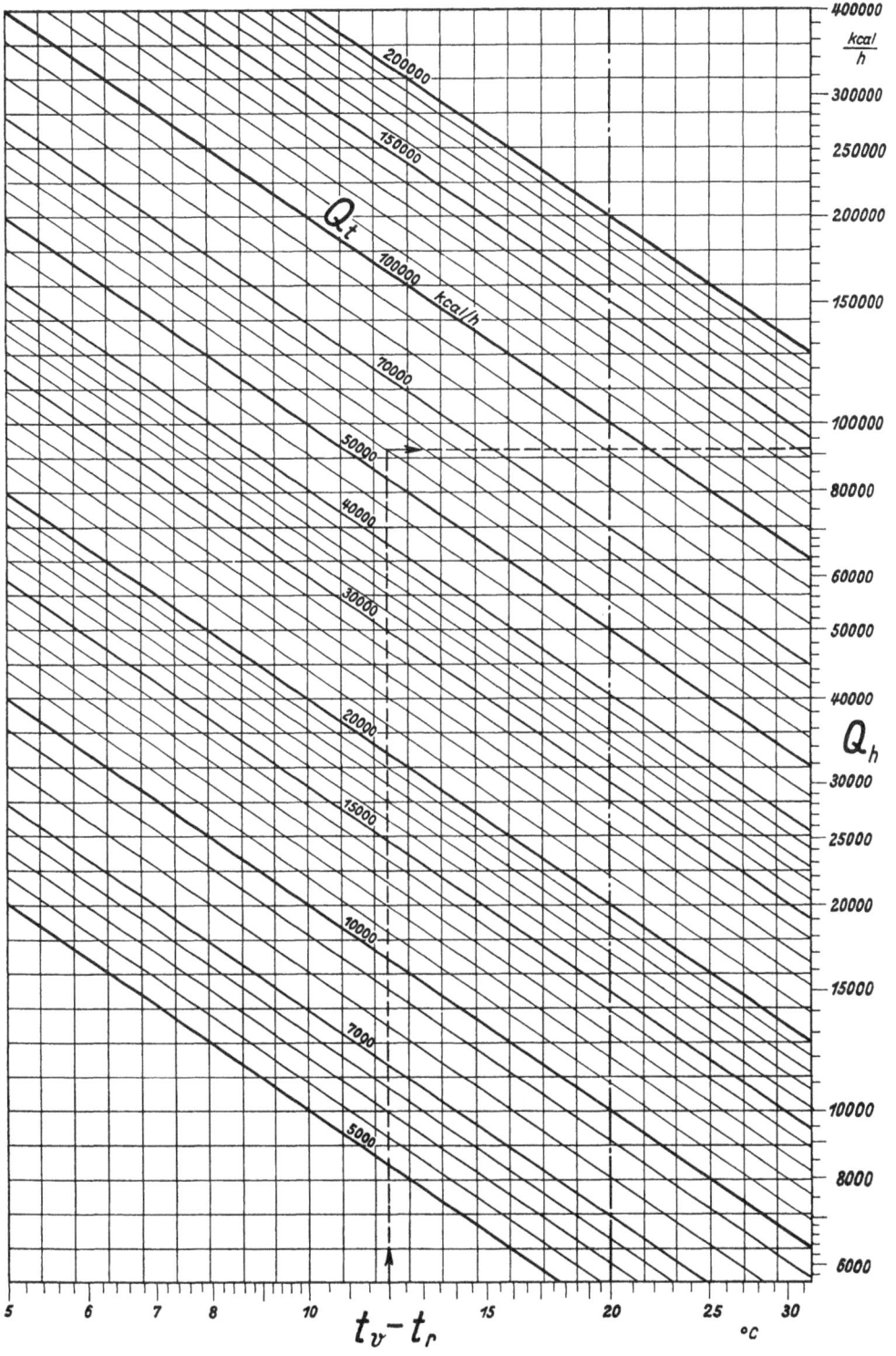

Strömungsgeschwindigkeit in Schwerkraft-Warmwasserheizungen.
Velocity of Flow in Gravity-Hot Water Systems.
Vitesse de circulation dans les installations de chauffage à eau chaude par gravité.

d_n	mm	Nenndurchmesser	nominal diameter	diamètre nominal	50
d_i	mm	Innendurchmesser	internal diameter	diamètre intérieur	51,0
p_l	$\dfrac{\text{mm } H_2O}{m}$	verfügbares Druck-gefälle (je 1 m Rohrlänge)	available pressure drop (per metre run of pipe)	chute de pression disponible (par m de conduite)	0,47
w_w	$\dfrac{m}{s}$	Strömungs-geschwindigkeit des Wassers	velocity of flow of water	vitesse de circu-lation de l'eau	0,126

Rietschel.

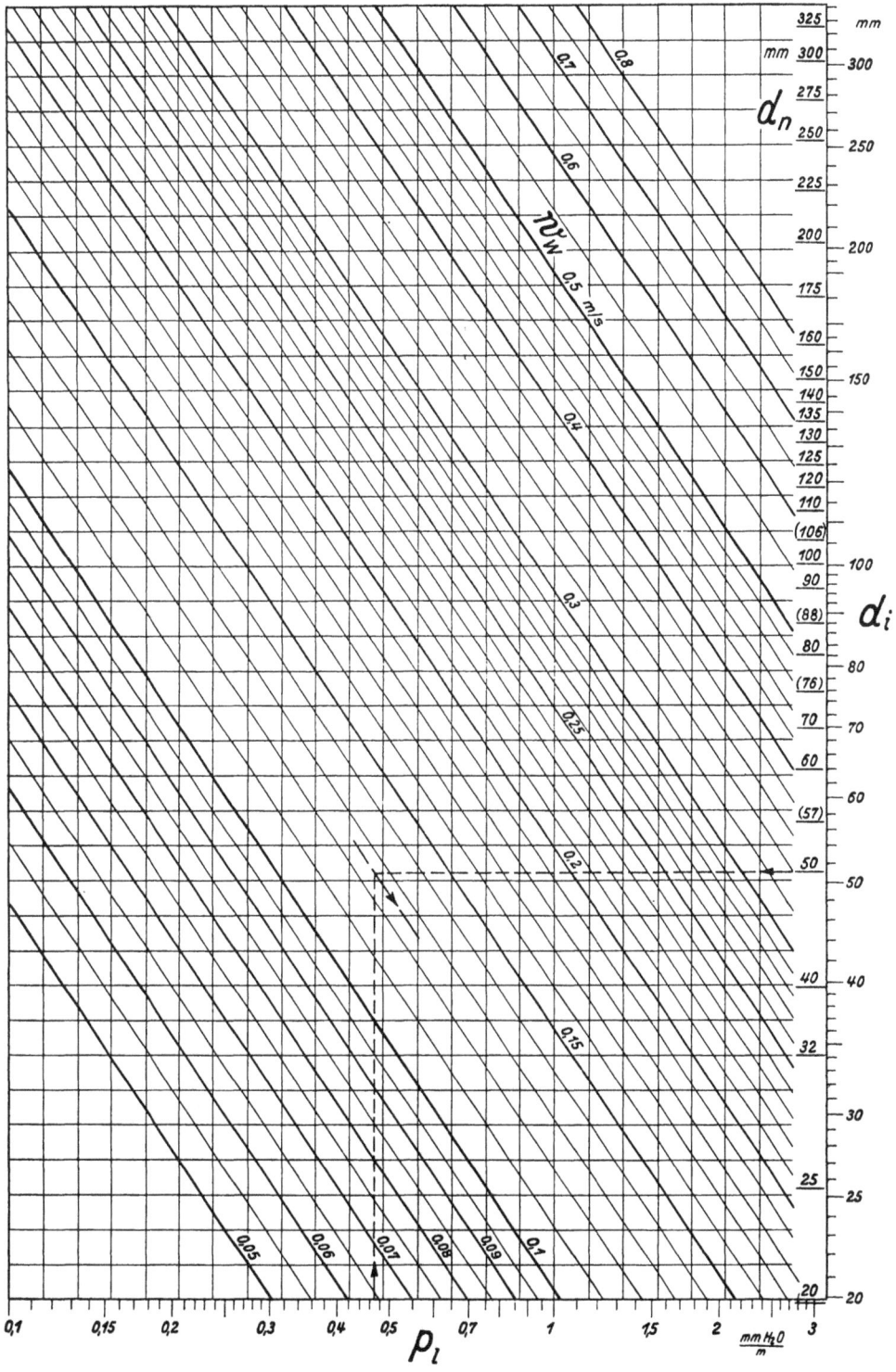

Einzelwiderstände der Rohrleitung.
Individual Resistances of Pipe Line.
Résistances locales de la tuyauterie.

		Heizmittel	heating Medium	agent de chauffage	① W I	② W II	③ D
$w_{_{W}}, w_D$	$\dfrac{m}{s}$	Strömungsgeschwindigkeit des Wassers bzw. Dampfes	velocity of flow of water or steam	vitesse de circulation de l'eau ou de la vapeur	0,12	0,89	18,0
$\varSigma \zeta$		Gesamtbeiwert der Einzelwiderstände	overall coefficient of individual resistances	coefficient global des résistances locales	4,5	3,0	2,0
$Z_W Z_D$ mm H_2O		Druckabfall in den Einzelwiderständen	pressure drop due to individual resistances	chute de pression due aux résistances locales	3,2	118	21,0

Heizmittelarten. — Heating Medium. — Agent de chauffage.

W	Warmwasser	hot water	eau chaude
D	Niederdruckdampf	low pressure steam	vapeur à basse pression

Rietschel.

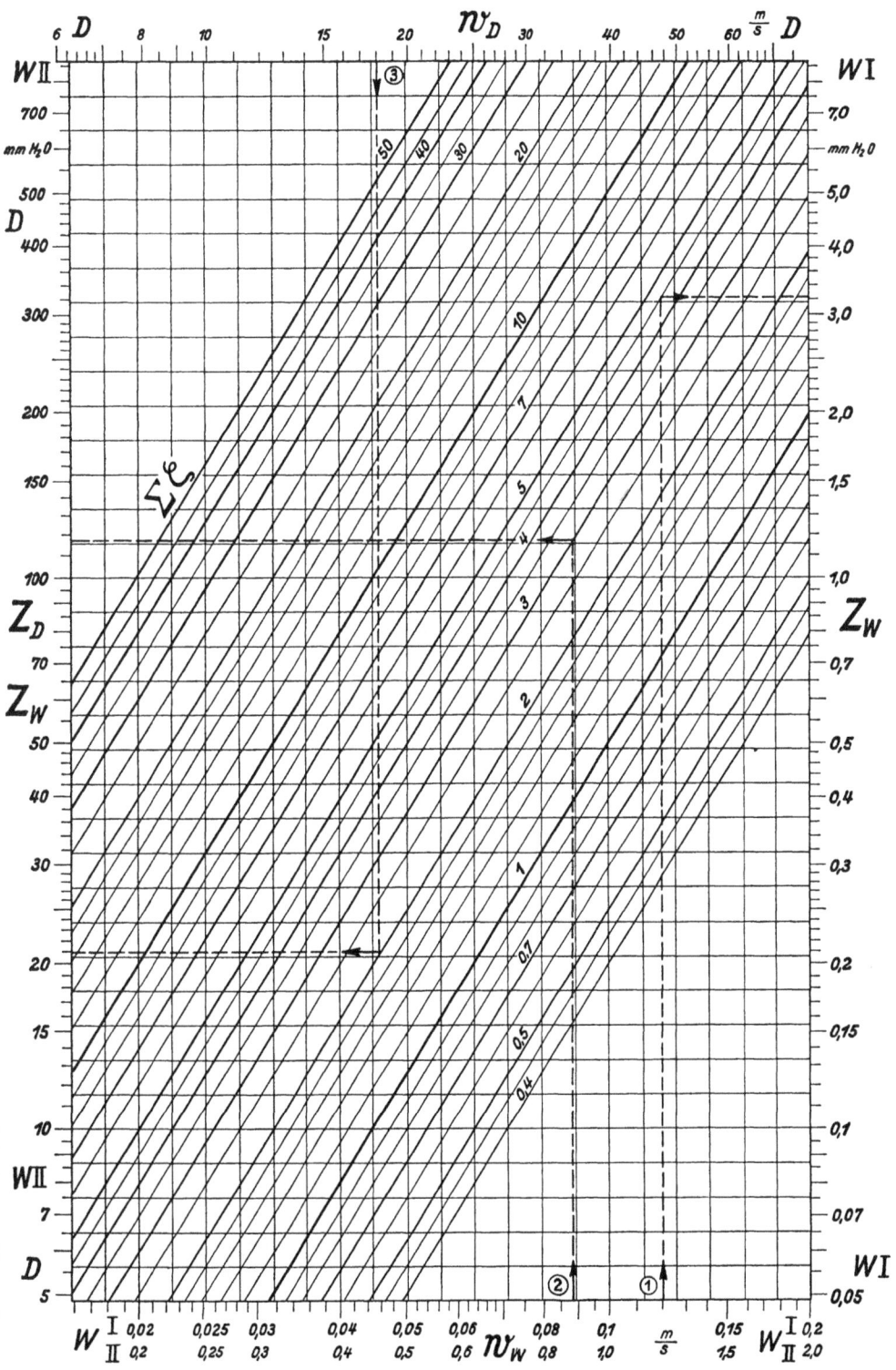

6 D 8 10 15 20 $\mathcal{W}_D$ 30 40 50 60 $\frac{m}{s}$ D

$W\mathrm{II}$ ③ $W\mathrm{I}$

700 50 40 30 20 $7,0$

$mm\,H_2O$ $mm\,H_2O$

500 $5,0$

D

400 $4,0$

300 10 $3,0$

200 7 $2,0$

150 $\Sigma\zeta$ 5 $1,5$

100 4 $1,0$

    3

Z_D Z_W

70 $0,7$

Z_W 2

50 $0,5$

40 $0,4$

30 1 $0,3$

20 $0,7$ $0,2$

15 $0,5$ $0,15$

    $0,4$

10 $0,1$

$W\mathrm{II}$

7 $0,07$

D $W\mathrm{I}$

5 ②   ① $0,05$

W $\begin{matrix}\mathrm{I}\\\mathrm{II}\end{matrix}$ $\begin{matrix}0,02\\0,2\end{matrix}$ $\begin{matrix}0,025\\0,25\end{matrix}$ $\begin{matrix}0,03\\0,3\end{matrix}$ $\begin{matrix}0,04\\0,4\end{matrix}$ $\begin{matrix}0,05\\0,5\end{matrix}$ $\begin{matrix}0,06\\0,6\end{matrix}$ $\mathcal{W}_W$ $\begin{matrix}0,08\\0,8\end{matrix}$ $\begin{matrix}0,1\\1,0\end{matrix}$ $\frac{m}{s}$ $\begin{matrix}0,15\\1,5\end{matrix}$ W $\begin{matrix}\mathrm{I}\\\mathrm{II}\end{matrix}$ $\begin{matrix}0,2\\2,0\end{matrix}$

Wärmeleistung von Pumpen-Warmwasserheizungen (für 20° C Temperaturgefälle).
Heat Output of Forced Circulation Hot Water Systems (for 20° C Temperature Drop).
Pouvoir de chauffe des installations de chauffage à eau chaude avec circulation par pompe (pour différence de température de 20° C).

d_n	mm	Nenndurchmesser	nominal diameter	diamètre nominal	70
d_i	mm	Innendurchmesser	internal diameter	diamètre intérieur	70,0
Q_h	$\dfrac{\text{kcal}}{\text{h}}$	notwendige Wärme-leistung	requisite heat output	quantité de cha-leur nécessaire par heure	240 000
p_l	$\dfrac{\text{mm H}_2\text{O}}{\text{m}}$	verfügbares Druck-gefälle (je 1 m Rohrlänge)	available pressure drop (per metre run of pipe)	chute de pression disponible (par m de conduite)	10,7

Rietschel.

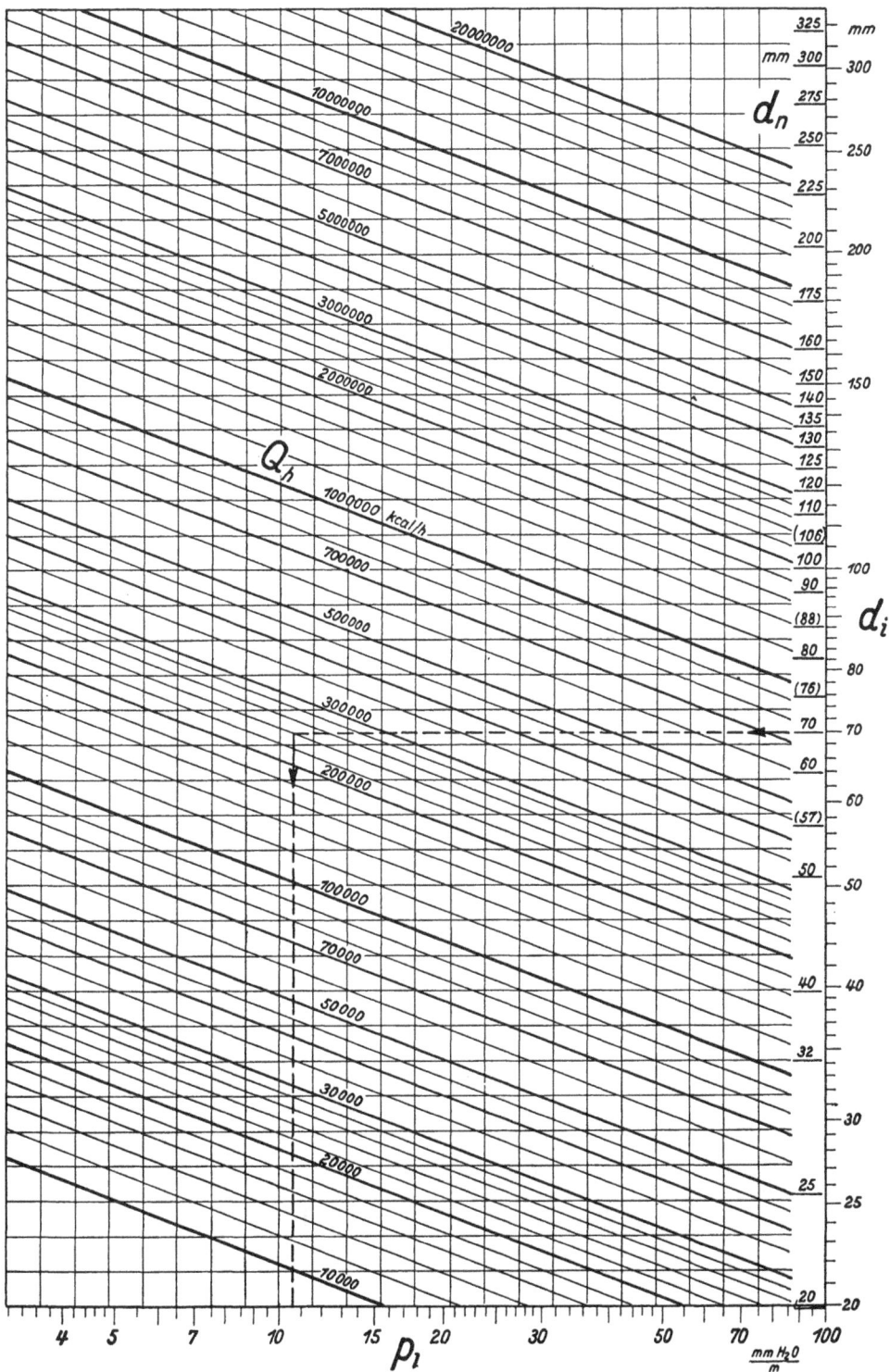

5*

Strömungsgeschwindigkeit in Pumpen-Warmwasserheizungen.
Velocity of Flow in Forced Circulation-Hot Water Systems.
Vitesse de circulation dans les installations de chauffage à eau chaude avec circulation par pompe.

d_n	mm	Nenndurchmesser	nominal diameter	diamètre nominal	70
d_i	mm	Innendurchmesser	internal diameter	diamètre intérieur	70,0
p_l	$\dfrac{\text{mm } H_2O}{m}$	verfügbares Druckgefälle (je 1 m Rohrlänge)	available pressure drop (per metre run of pipe)	chute de pression disponible (par m de conduite)	10,7
w_w	$\dfrac{m}{s}$	Strömungsgeschwindigkeit des Wassers	velocity of flow of water	vitesse de circulation de l'eau	0,89

Rietschel.

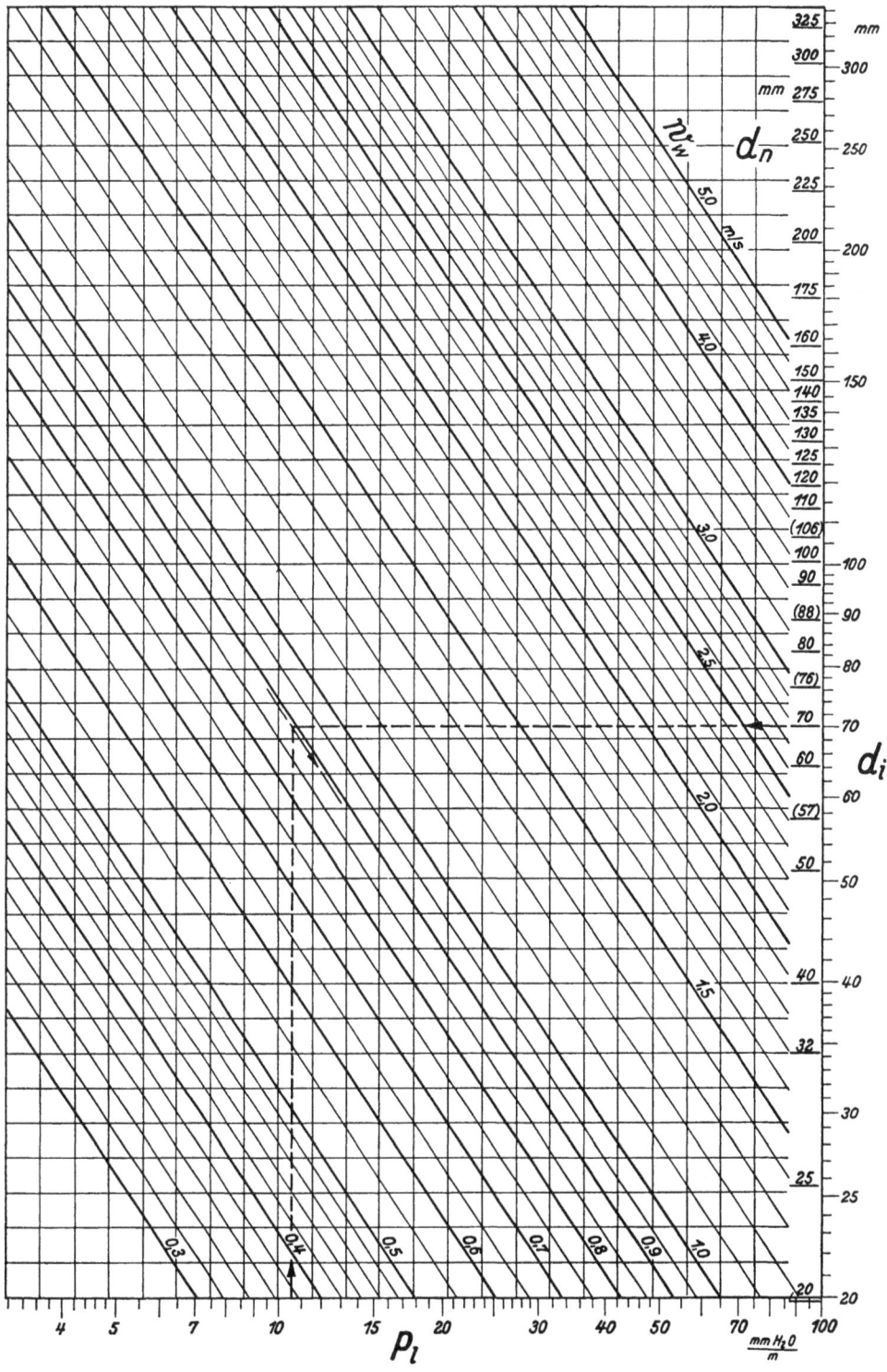

Wärmeleistung von Niederdruck-Dampfheizungen.
Heat Output of Low Pressure Steam Systems.
Pouvoir de chauffe des installations de chauffage par vapeur à basse pression.

d_n	mm	Nenndurchmesser	nominal diameter	diamètre nominal	40
d_i	mm	Innendurchmesser	internal diameter	diamètre intérieur	39,75
Q_h	$\dfrac{\text{kcal}}{\text{h}}$	Wärmeleistung	heat output	quantité de chaleur émise par heure	15000
p_l	$\dfrac{\text{mm H}_2\text{O}}{\text{m}}$	Druckgefälle	pressure drop	chute de pression	2,6

Rietschel.

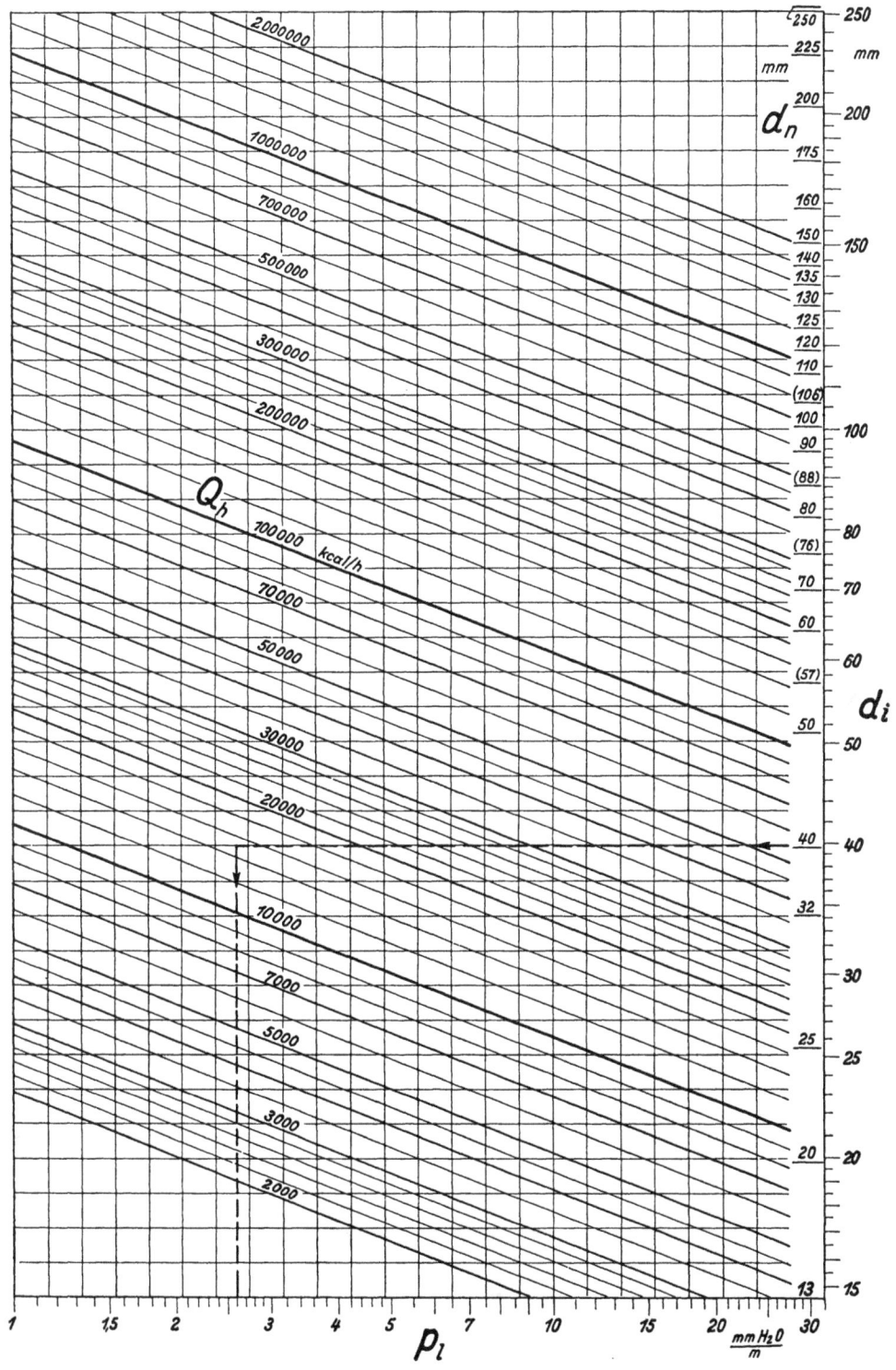

Strömungsgeschwindigkeit in Niederdruck-Dampfheizungen.
Velocity of Flow in Low Pressure Steam Systems.
Vitesse de Circulation dans les installations de chauffage par vapeur à basse pression.

d_n	mm	Nenndurchmesser	nominal diameter	diamètre nominal	40
d_i	mm	Innendurchmesser	internal diameter	diamètre intérieur	39,75
p_i	$\dfrac{\text{mm } H_2O}{m}$	Druckgefälle	pressure drop	chute de pression	2,6
w_D	$\dfrac{m}{s}$	Strömungs-geschwindigkeit des Dampfes	velocity of flow of steam	vitesse d'écoule-ment de la va-peur	9,7

Rietschel.

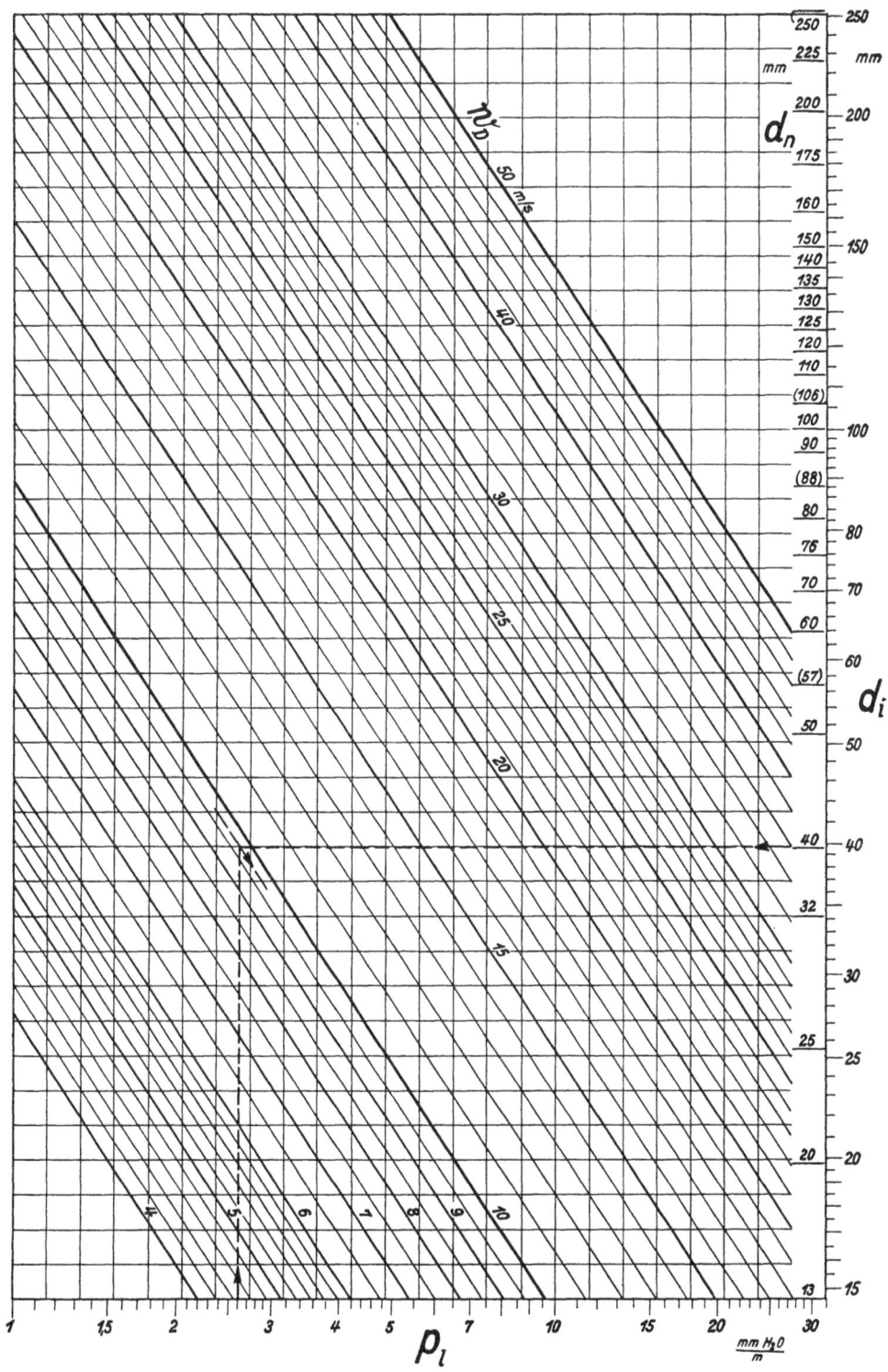

30

Kondenswasserleitungen.
Condensate Pipes.
Conduites à eau condensée.

					①	②
d_n	mm	Nenndurchmesser	nominal diameter	diamètre nominal	60	60
d_i	mm	Innendurchmesser	internal diameter	diamètre intérieur	64,0	64,0
		Leitungsart	pipe arrangement	disposition de la canalisation	HL–V	TL
l_{max}	m	Länge der Rohrleitung (zum Heizkörper, der vom Kessel am weitesten entfernt ist)	length of pipe line (to radiator furthest from boiler)	longueur de la canalisation (pour le radiateur le plus éloigné de la chaudière)		70
Q_D	$\dfrac{1000\ \text{kcal}}{\text{h}}$	Wärmemenge im niedergeschlagenen Dampf	heat content of condensed steam	chaleur contenue dans la vapeur condensée	635	850

Leitungsarten. — Pipe Arrangements. — Disposition des canalisations.

HL	hochliegende Leitungen	high level	sous plafond
TL	tiefliegende Leitungen	low level	en dessous
H	waagerechte Leitungen	horizontal	horizontales
V	lotrechte Leitungen	vertical	verticales

Rietschel.

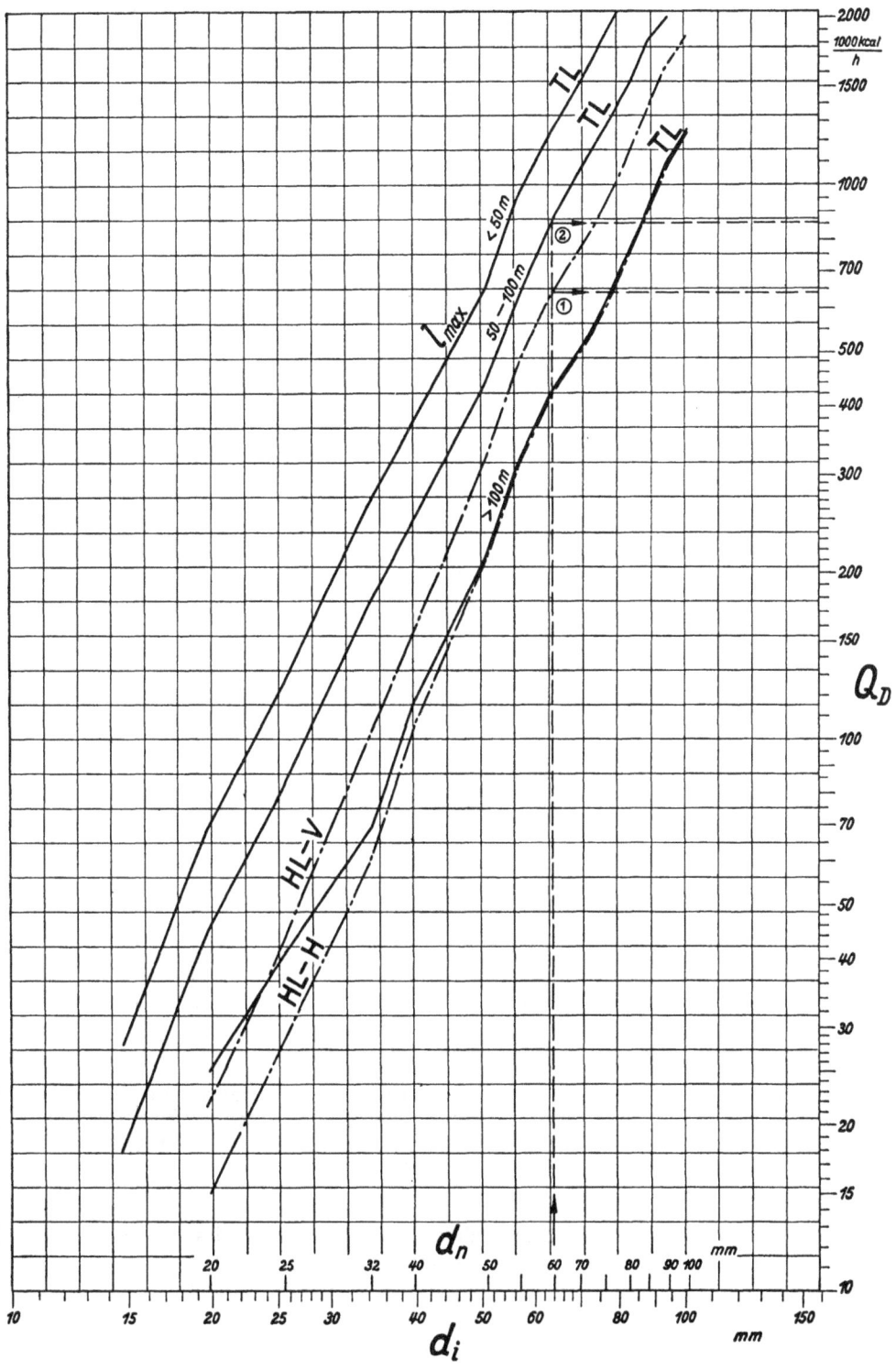

31

Wärmedurchgang für Heizflächen.
Heat Transmission of Radiators.
Transmission de chaleur par les radiateurs.

(1)

E	mm	Nabenabstand	distance between bosses	entraxe des orifices	555
		Heizmittel	heating medium	agent de chauffage	W
		Heizkörperart	type of heater	type de radiateur	Lr
C	mm	Tiefe des Heiz-körpers	depth of radiator	saillie du radiateur	190
k	$\dfrac{kcal}{m^2\,h\,°C}$	Wärmedurch-gangszahl	coefficient of heat transmission	coefficient de trans-mission	6,65
R	$\dfrac{m^2\,h\,°C}{kcal}$	Wärmewiderstand	thermal resistance	résistance ther-mique	0,15

(2)

$[E$	mm	Nabenabstand	distance between bosses	entraxe des orifices	700
		Heizmittel	heating medium	agent de chauffage	W
		Heizkörperart	type of heater	genre de radiateur	Nr
S	mm	Anzahl der Säulen des Heizkörpers	number of radiator columns	nombre de colonnes du radiateur	3
k	$\dfrac{kcal}{m^2\,h\,°C}$	Wärmedurch-gangszahl	coefficient of heat transmission	coefficient de trans-mission	6,2

(3)

d_i	mm	Innendurchmesser	internal diameter	diametre intérieur	64,0
		Heizmittel	heating medium	agent de chauffage	D
		Heizkörperart	type of heater	genre de radiateur	RH—M
k	$\dfrac{kcal}{m^2\,h\,°C}$	Wärmedurch-gangszahl	coefficient of heat transmission	coefficient de trans-mission	9,6

Heizmittelarten. — Heating Medium. — Agents de chauffage.

W	Warmwasser	hot water	eau chaude
D	Niederdruckdampf	low pressure steam	vapeur à basse pression

Heizkörperarten. — Type of Heater. — Genres de radiateur.

NR	Normalradiator	standard radiator	radiateur normal
LR	Leichtradiator	light radiator	radiateur léger
RH	Rohrheizkörper	tubular heater (smooth horizon-tal pipes)	faisceau tubulaire horizon-tal, à tubes lisses
$RR—E$	Rippenrohre, ein-zeln	ribbed pipes, single	tubes à ailettes
$RR—M$	Rippenrohre, mehr-fach übereinander	ribbed pipes, mul-tiple (one above another)	batteries de tubes à ailet-tes superposés

DIN 4701. — Rietschel.

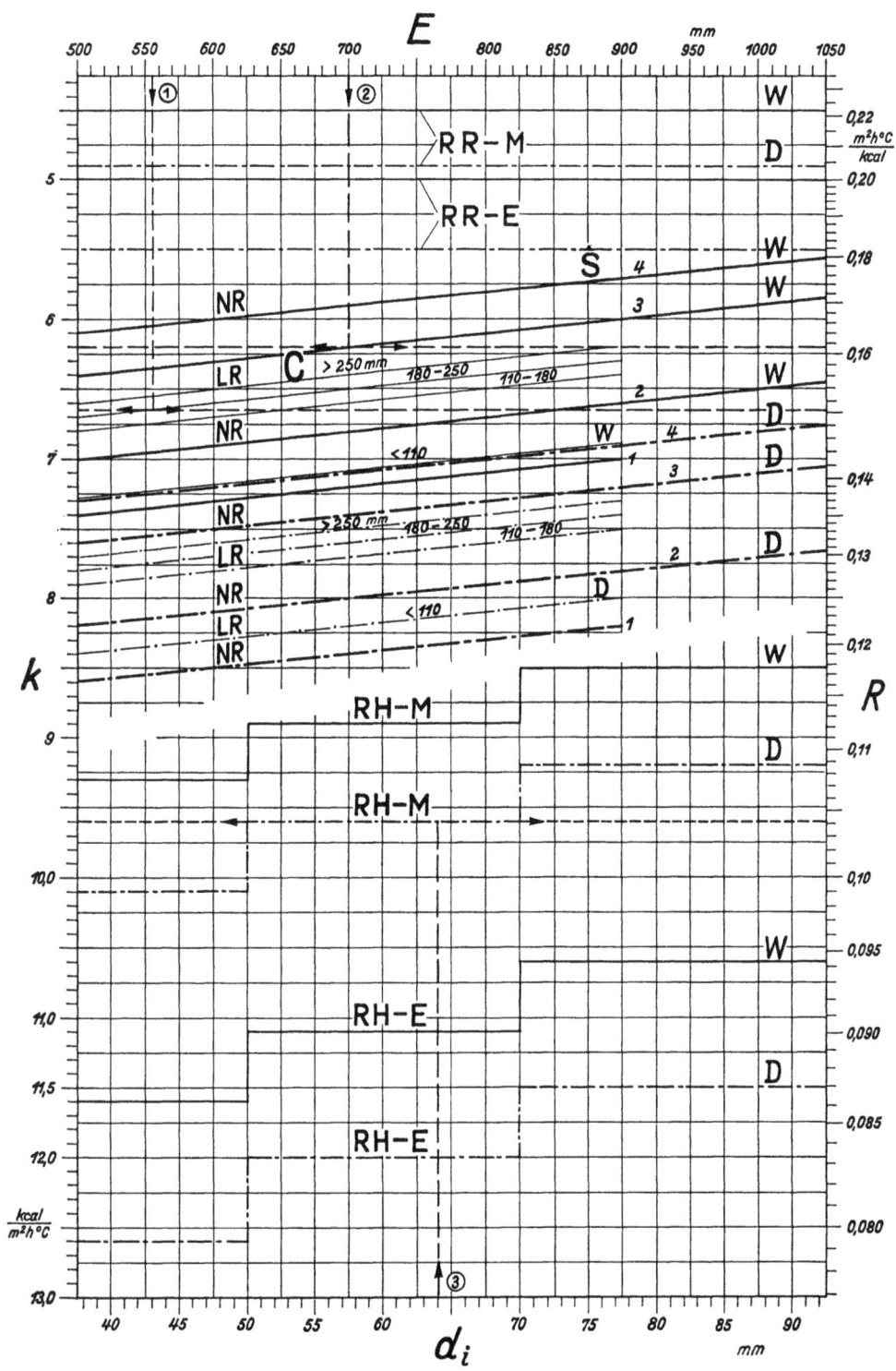

Wärmeabgabe nackter Rohre.
Heat Emission from Bare Pipes.
Pouvoir émissif des tuyauteries nues.

d_n	mm	Nenndurchmesser	nominal diameter	diamètre nominal	100
d_i	mm	Innendurchmesser	inside diameter	diamètre intérieur	100,5
$\varDelta t$	°C	Temperaturunter-schied	temperature differ-ence	différence de tem-pérature	40
q_r	$\dfrac{\text{kcal}}{\text{m h}}$	Wärmeabgabe (je 1 m Rohrlänge)	heat emission per metre run of pipe line	chaleur émise par m de conduite	115

Recknagel.

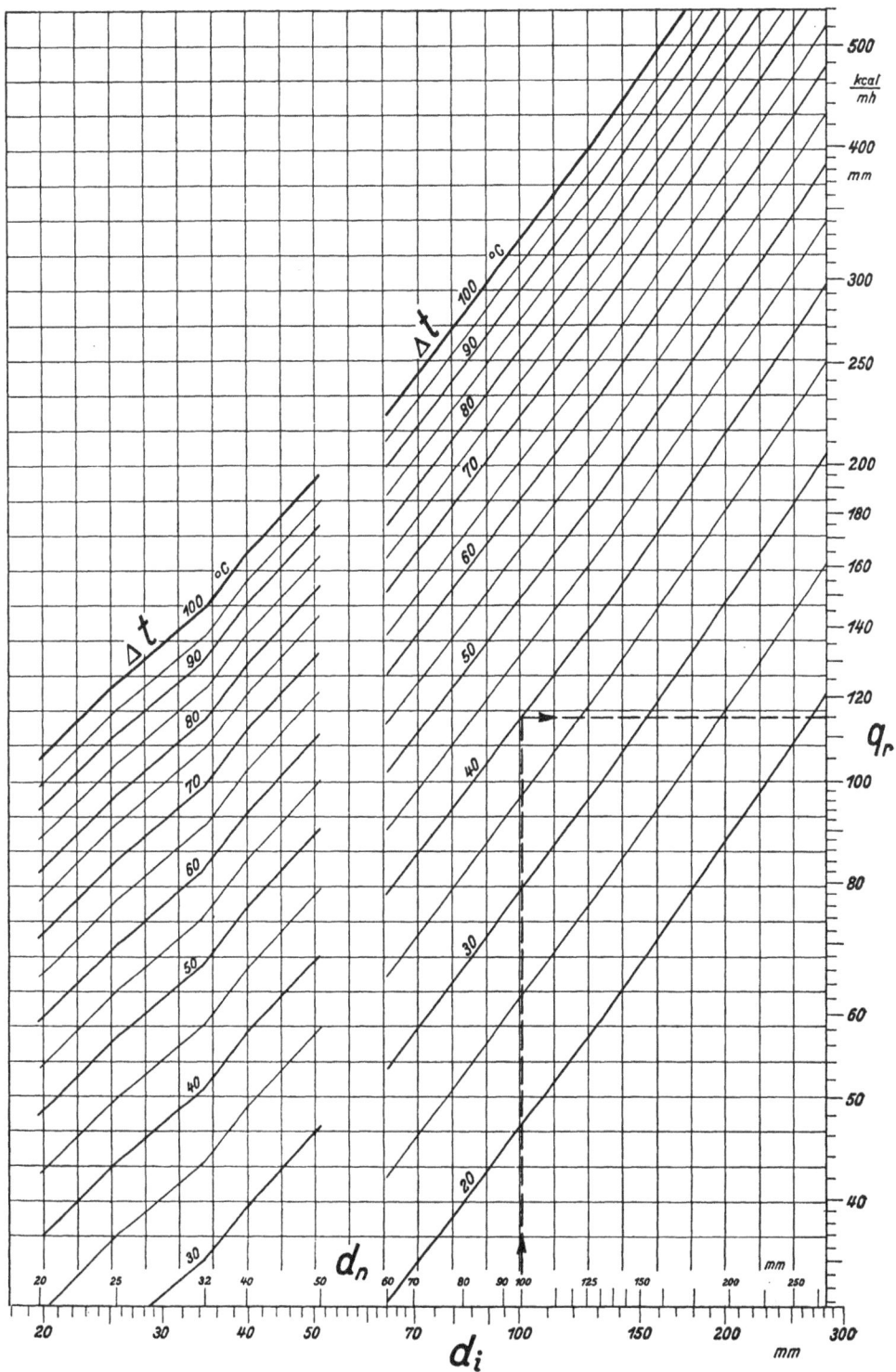

Wärmedurchgang durch Kupfer- und Eisenrohre.
Heat Transmission by Copper and Iron Pipes.
Transmission de chaleur à travers les tubes en cuivre et en fer.

					①	②
$w_D\,w_W$	$\dfrac{m}{s}$	Strömungs-geschwindigkeit des Dampfes bzw. Wassers	velocity of flow of steam or water	vitesse de circu-latiou de la vapeur ou de l'eau	0,75	
		Heizmittel	heating medium	agent de chauffage	D	W
		Rohrwerkstoff	pipe material	matière des tuyaux	Cu	Fe
k	$\dfrac{kcal}{m^2\,h\,{}^\circ C}$	Wärmedurch-gangszahl	coefficient of heat transmission	coefficient de transmission	1530	1390

Heizmittelarten. — Heating Medium. — Agents de chauffage.

W	Warmwasser	hot water	eau chaude
D	Niederdruckdampf	low pressure steam	vapeur à basse pres-sion

Rohrwerkstoffarten. — Pipe materials. — Matière des tubes.

Cu	Kupferrohre	copper pipes	tubes en cuivre
Fe	Eisenrohre	iron pipes	tubes en fer

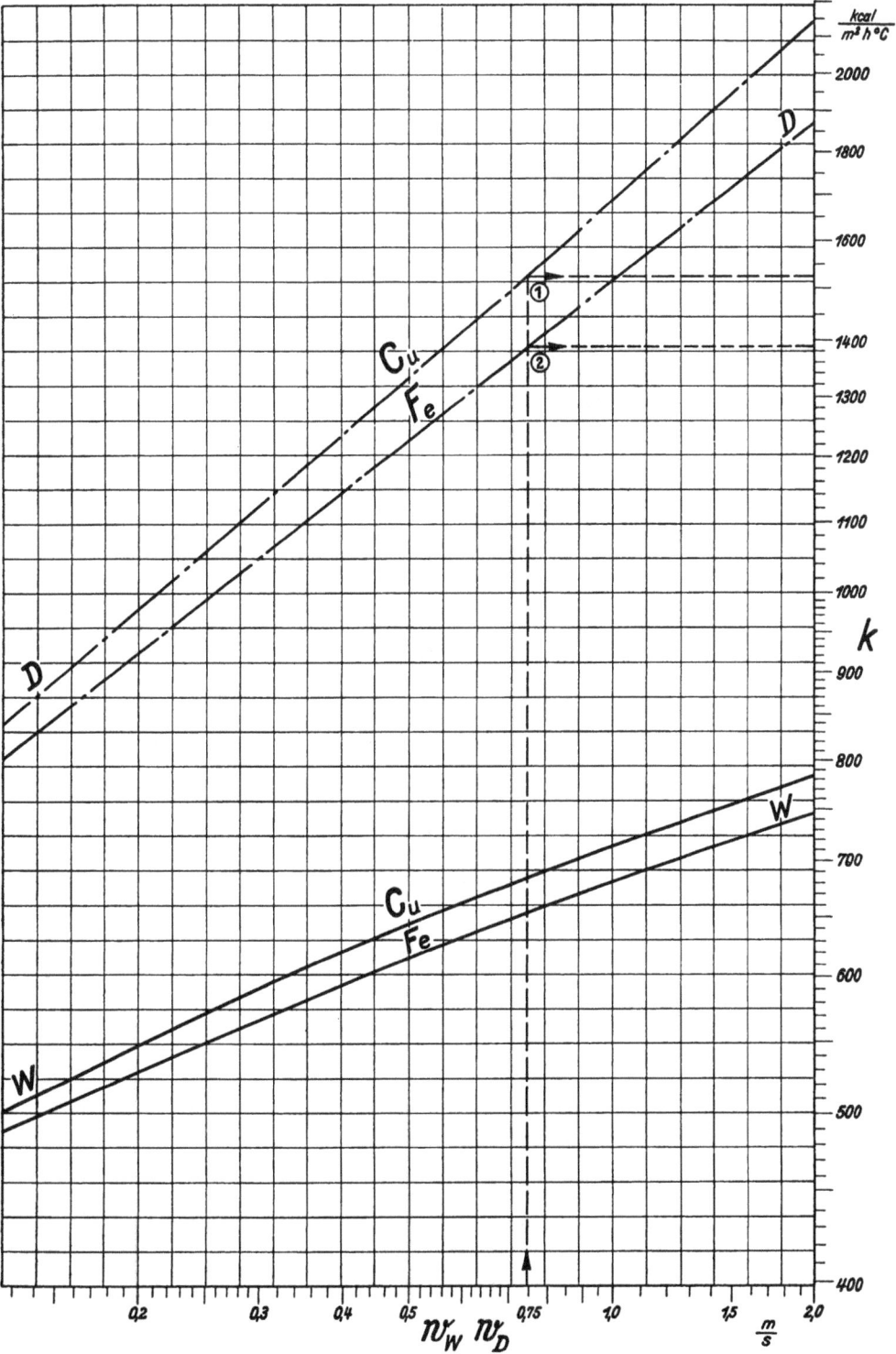

Mittlerer Temperaturunterschied (in Wärmeaustauschern).
Mean Temperature Difference (in Heat Exchanger Apparatus).
Ecart moyen de température (dans les échangeurs de chaleur).

					①	②
Δt_1	°C	Temperaturunterschied am Anfang der Heizfläche	temperature difference at beginning of heating surface	écart de température au début de la surface de chauffe	94	1150
Δt_2	°C	Temperaturunterschied am Ende der Heizfläche	temperature difference at end of heating surface	écart de température à la fin de la surface de chauffe	30	200
Δt_m	°C	mittlerer Temperaturunterschied	mean temperature difference	écart moyen de température	56	540

$$\Delta t_m = \frac{\Delta t_1 - \Delta t_2}{\ln \Delta t_1 - \ln \Delta t_2}$$

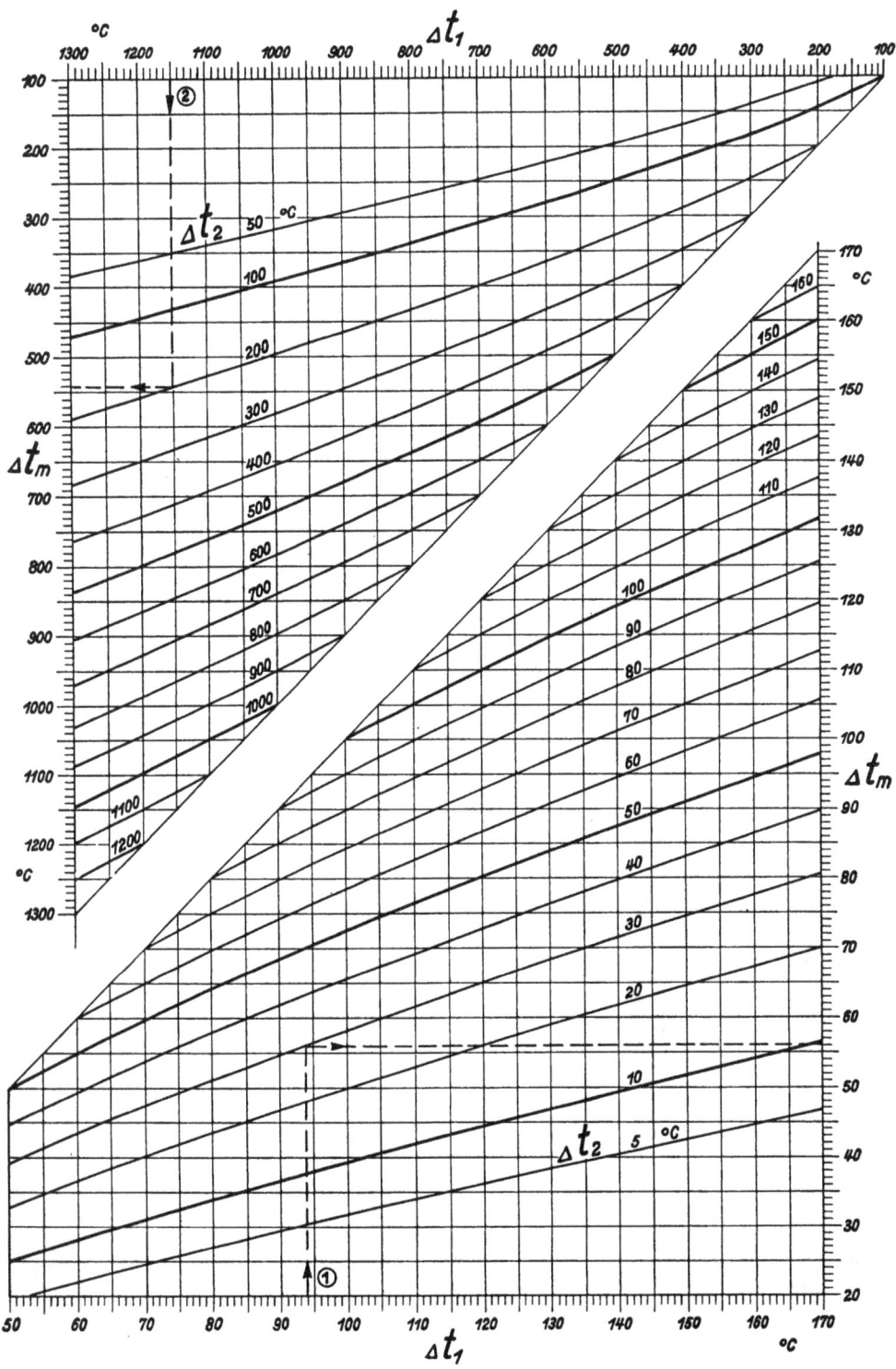

Regelung von Warmwasserheizungen.
Control of Hot Water Systems.
Réglage des installations de chauffage à eau chaude.

		Heizungsart	heating system	installation de chauffage	① S	② P
t_a	°C	Außentemperatur	outdoor temperature	température extérieure	—7,0	—7,0
t_v	°C	Wassertemperatur im Vorlauf	temperature of water in flow	température de l'eau dans la canalisation d'amenée	72,8	71,4
t_m	°C	mittlere Wassertemperatur	mean temperature of water	température moyenne de l'eau	64,7	64,7
t_r	°C	Wassertemperatur im Rücklauf	temperature of water in return	température de l'eau dans la canalisation de retour	56,6	58,0
$t_v - t_r$	°C	Temperaturunterschied zwischen Vor- und Rücklauf	temperature difference between flow and return	différence de température entre les canalisations d'amenée et de retour	16,2	13,5

Arten der Warmwasserheizungen. — Hot Water Heating Systems. — Genres d'installations de chauffage.

S	Schwerkraft	gravity systems	installations à thermo-siphon
P	Pumpen	forced circulation systems	installations avec circulation par pompe

Barenbrug, Berechnung der Vor- und Rücklauf-Temperaturen in Abhängigkeit von den Außentemperaturen. Gesundh.-Ing. Bd. 57 (1934), S. 425.

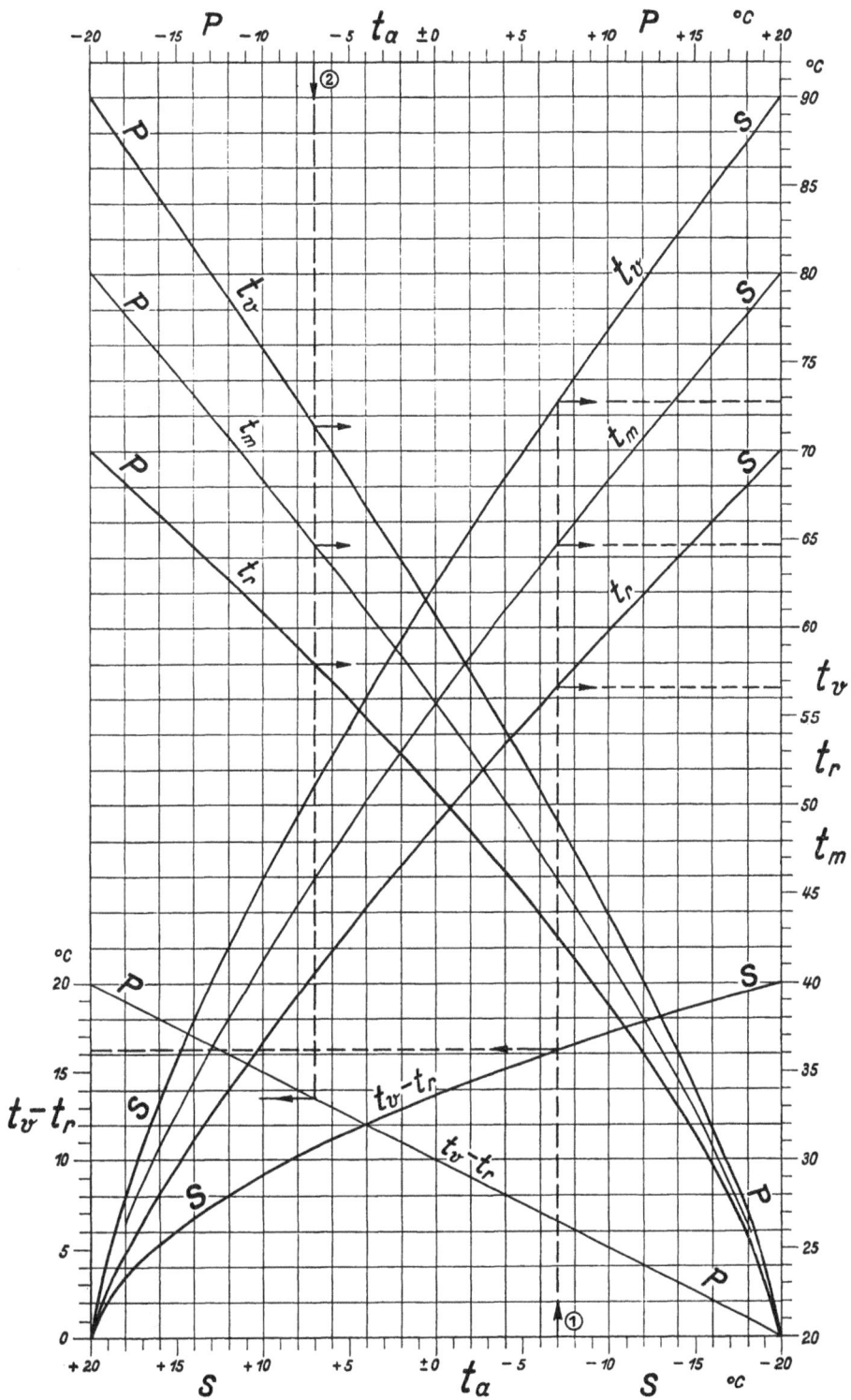

.

Brennstoffverbrauch.
Fuel Consumption.
Consommation de combustible.

q_G	$\dfrac{1000 \text{ kcal}}{{}^{\circ}\text{C (24 h)}}$	Wärmeverbrauch (je 1 Gradtag)	heat consumption per degree Centigrade per 24 hr. (i. e. per degree-day)	consommation de chaleur (par degré et par jour)	60
η_h	$^0/_0$	Wirkungsgrad der gesamten Heizanlage	overall efficiency of heating installation	rendement global de l'installation de chauffage	69
ε		Heizkennziffer			1,45
G	$\dfrac{{}^{\circ}\text{C (24 h)}}{a}$	Gradtagzahl (im Jahr)	number of degree days (per year)	nombre de jours-degrés (par an)	2200
H_u	$\dfrac{\text{kcal}}{\text{kg}}$	unterer Heizwert	net calorific value	valeur calorifique inférieur	7000
B_a	$\dfrac{t}{a}$	jährlicher Brennstoffverbrauch	annual consumption of fuel	consommation annuelle de combustible	27,5

$$B_a = \frac{q_G \cdot G \cdot \varepsilon}{H_u}$$

$$\varepsilon = \frac{100}{\eta_h}$$

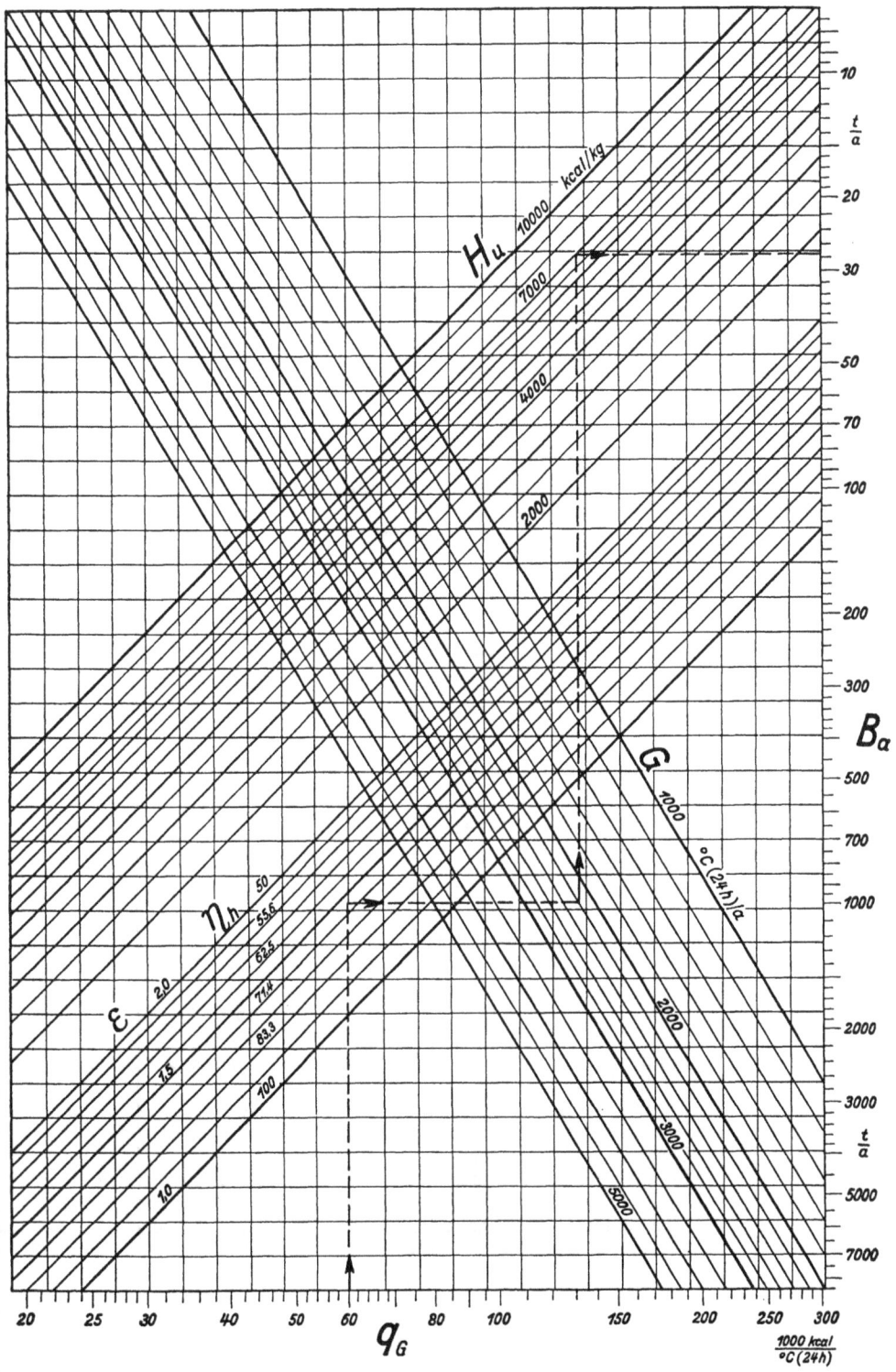

Brennstoffeigenschaften.
Properties of Fuels.
Propriétés des combustibles.

		Brennstoffart	kind of fuel	genre de combustible	wS
		Gewichtsanteil:	percentage by weight of:	teneur en poids:	
$g[S]$	$^0/_0$	des Schwefels	sulphur	en soufre	1
$g[ON]$	$^0/_0$	des Sauerstoffs und Stickstoffs	oxygen and nitrogen	oxygène et azote	7
$g[H]$	$^0/_0$	des Wasserstoffs	hydrogen	hydrogène	5
$g[C]$	$^0/_0$	des Kohlenstoffs	carbon	carbone	79
w	$^0/_0$	Wassergehalt des Brennstoffs	moisture content of fuel	teneur en eau du combustible	3
a	$^0/_0$	Aschengehalt des Brennstoffs	ash content of fuel	teneur en cendres du combustible	5
γ_B	$\dfrac{kg}{m^3}$	spez. Gewicht des Brennstoffs	density of fuel	poids spécifique du combustible	1350
H_u	$\dfrac{kcal}{kg}$	unterer Heizwert	net calorific value	pouvoir calorifique inférieur	7620
H_o	$\dfrac{kcal}{kg}$	oberer Heizwert	gross calorific value	pouvoir calorifique supérieur	7860

Brennstoffarten. — Kinds of Fuel. — Genres de combustible.

H	Holz	wood	bois
T	Torf	peat	tourbe
lB	Lausitzer Braunkohle	Lausitz brown coal	lignite de Lusace
bB	Böhmische Braunkohle	Bohemian brown coal	lignite de Bohême
sS	schlesische Steinkohle	Silesian hard coal	houille de Silésie
wS	westfälische Steinkohle	Westphalian hard coal	houille de Westphalie
A	Anthrazit	anthracite	anthracite
BB	Braunkohlenbriketts	lignite briquette	briquette de lignite
tK	trockener Koks	dry coke	coke sec
fK	feuchter Koks	wet coke	coke humide
GO	Gasöl	gas-oil	gas oil
BO	Braunkohlenteeröl	brown-coal tar oil	huile de goudron de lignite
SO	Steinkohlenteeröl	hard-coal tar oil	huile de goudron de houille

Rietschel.

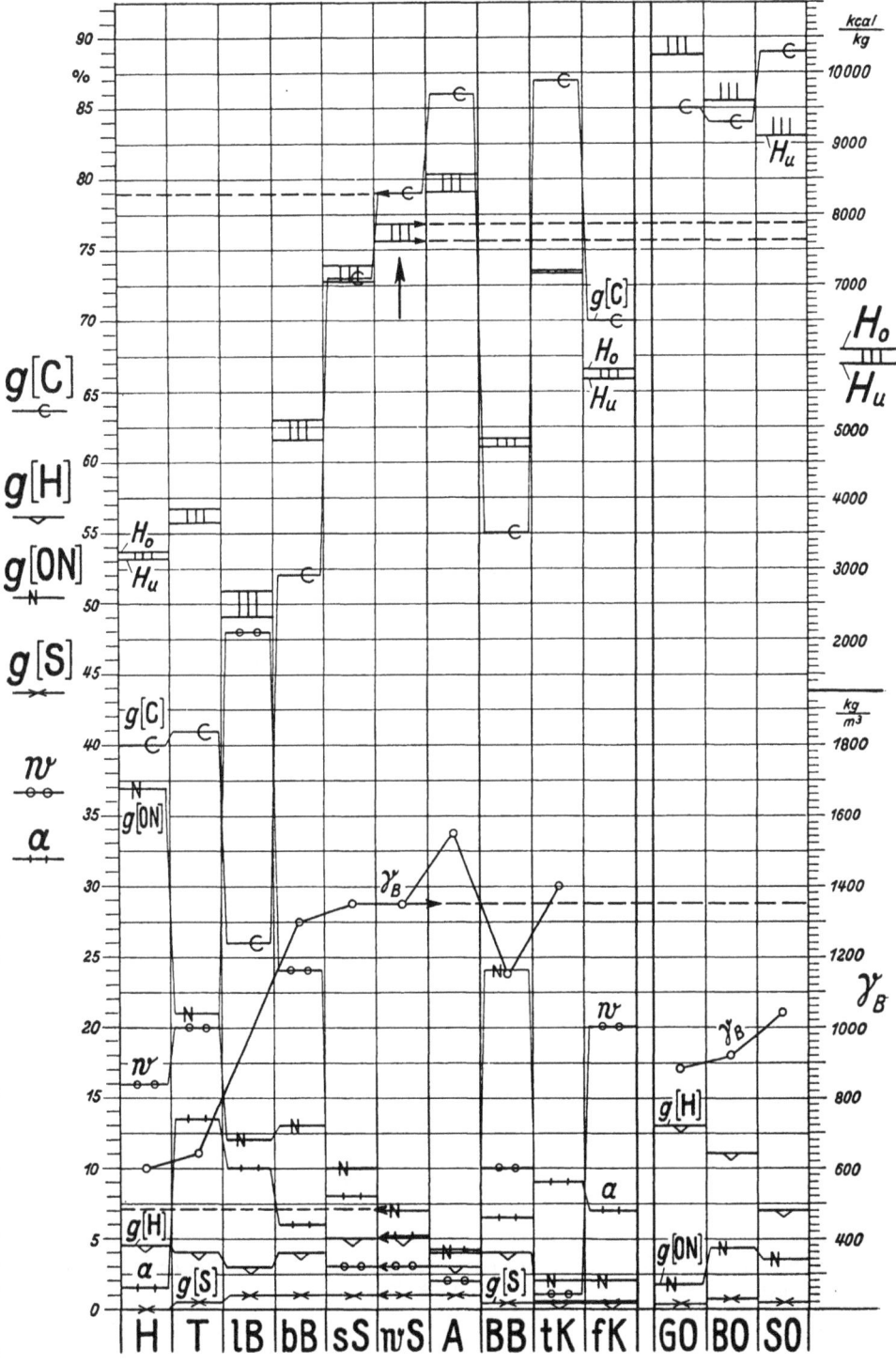

Koks-Korngröße.
Size of Coke.
Grosseur du coke.

h_g	cm	Glutschichthöhe	thickness of firebed	hauteur de la couche en ignition	42
F_k	m²	Kesselheizfläche	boiler heating sur-face	surface de chauffe de la chaudière	18
l_K	mm	Koks-Korngröße	size of coke	grosseur du coke	67
		Bezeichnung für Ruhrkoks	designation for Ruhr coke	désignation cemmerciale (coke de la Ruhr)	I

Schmidt, Rainer-Schmidt, Wahl und Abnahme der richtigen Kokssorte für Zentralheizungen. Gesundh.-Ing. Bd. 56 (1933), S. 373.

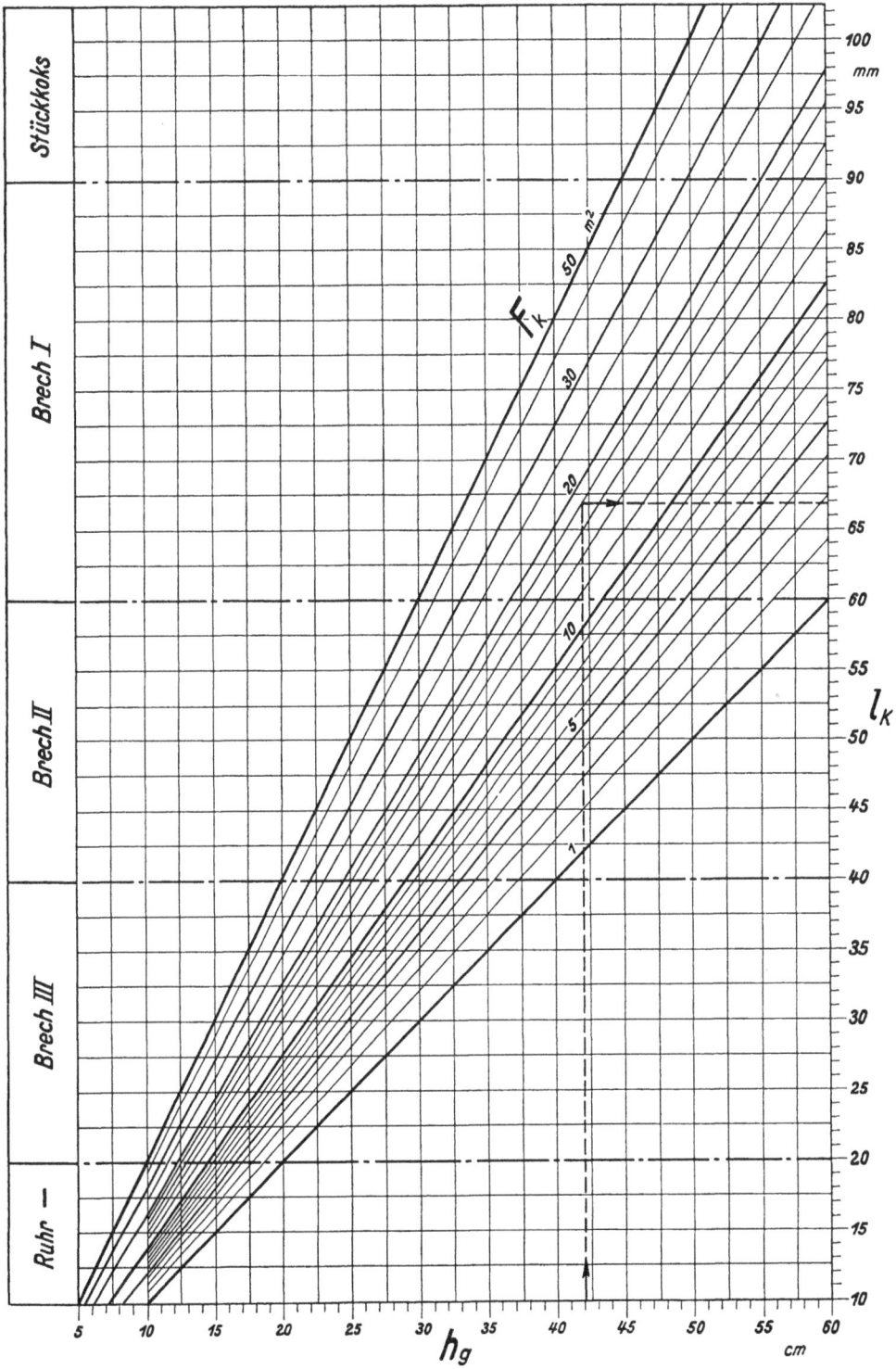

Brennstoff- und Wärmekosten.
Fuel Costs and Heat Costs.
Coût du combustible et coût de la chaleur.

k_B	$\dfrac{M}{t}$	Brennstoffkosten	price of fuel (per ton)	prix du combustible (par tonne)	45
H_u	$\dfrac{kcal}{kg}$	unterer Heizwert	net calorific value	pouvoir calorifique inférieur	7000
k_Q	$\dfrac{M}{10^6\,kcal}$	Wärmekosten (im Brennstoff)	cost of heat in the fuel	coût de la chaleur dans le combustible	6,43
η_h	$\%$	Gesamtwirkungsgrad der Heizanlage	overall efficiency of heating installation	rendement global de l'installation de chauffage	69
k_{Q_h}	$\dfrac{M}{10^6\,kcal}$	Wärmekosten (im beheizten Raum)	cost of heat in the heated space	coût de la chaleur dans le local chauffé	9,35

$$k_Q = \frac{1000 \cdot k_B}{H_u}$$

$$k_{Q_h} = \frac{k_Q}{\eta_h}$$

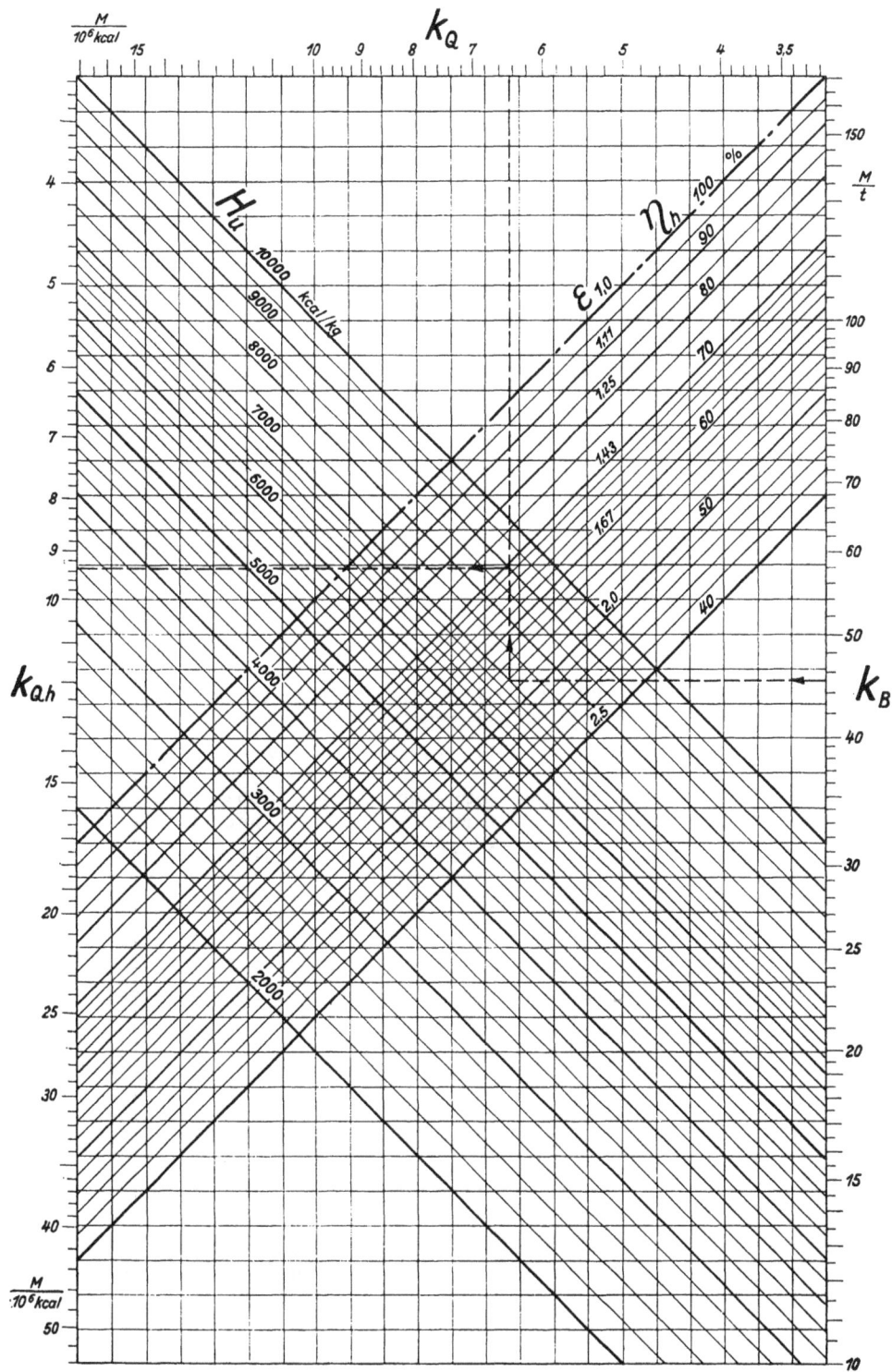

Wärmeeigenschaften von Warmwasser und Niederdruckdampf.
Thermal Properties of Hot Water and Low Pressure Steam.
Propriétés thermiques de l'eau chaude et de la vapeur d'eau saturée.

I. Warmwasser. — Hot Water. — Eau chaude.

①

t_W	°C	Wassertemperatur	temperature of water	température de l'eau	84
p_D	ata	Sättigungsdruck	saturated steam pressure	pression de la vapeur	0,56
i_W	$\dfrac{kcal}{kg}$	Wärmeinhalt des Wassers	heat content of water	chaleur contenue dans l'eau	84
γ_W	$\dfrac{kg}{m^3}$	spezifisches Gewicht des Wassers	density of water	poids spécifique de l'eau	969,4

II. Niederdruckdampf (Sattdampf). — Low Pressure Steam (Saturated). — Vapeur d'eau saturée.

p_D	ata	Dampfdruck	steam pressure	pression de la vapeur	1,4
t_W	°C	Sättigungstemperatur	saturation temperature	température de saturation	109
i_r	$\dfrac{kcal}{kg}$	Verdampfungswärme	latent heat of evaporation	chaleur latente d'évaporation	534
γ_D	$\dfrac{kg}{m^3}$	spezifisches Gewicht des Dampfes	density of steam	poids spécifique de la vapeur	0,79
i_D	$\dfrac{kcal}{kg}$	Wärmeinhalt des Dampfes	heat content of steam	chaleur de la vapeur	643

Knoblauch, Raisch, Hausen, Koch, Tabellen und Diagramme für Wasserdampf. München 1932.

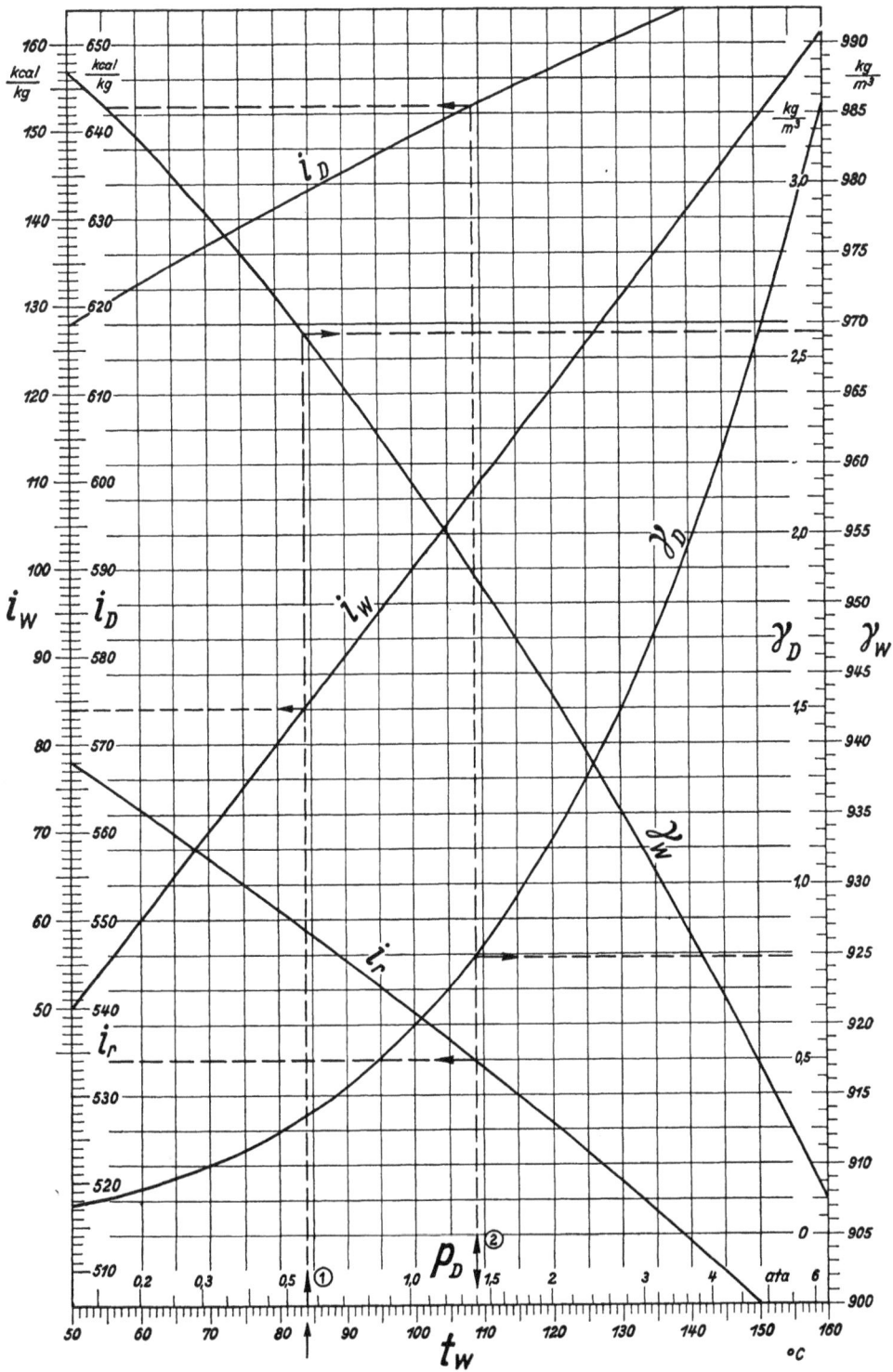

www.ingramcontent.com/pod-product-compliance
Lightning Source LLC
Chambersburg PA
CBHW031449180326
41458CB00002B/708